农科技口袋书

农村科技口袋书

水产生态养殖新技术

中国农村技术开发中心 编著

中国农业科学技术出版社

图书在版编目（CIP）数据

水产生态养殖新技术 / 中国农村技术开发中心编著.
—北京：中国农业科学技术出版社，2019.11
ISBN 978-7-5116-4477-0

Ⅰ. ①水⋯　Ⅱ. ①中⋯　Ⅲ. ①水产养殖－生态养殖
Ⅳ. ① S964.1

中国版本图书馆 CIP 数据核字（2019）第 246399 号

责任编辑　史咏竹
责任校对　李向荣

出　　版	中国农业科学技术出版社
	北京市中关村南大街 12 号　　邮编：100081
电　　话	（010）82105169（编辑室）
	（010）82109702（发行部）　（010）82109709（读者服务部）
传　　真	（010）82106626
网　　址	http://www.castp.cn
经　　销	各地新华书店
印　　刷	北京科信印刷有限公司
开　　本	880mm×1230mm　1/64
印　　张	3
字　　数	97 千字
版　　次	2019 年 11 月第 1 版　　2019 年 11 月第 1 次印刷
定　　价	9.80 元

编写人员

主　编：谷孝鸿　王振忠　鲁　淼

副主编：曾庆飞　叶少文　董　文　黄咏明

编　者：（按姓氏笔画排序）

　　　　王小林　王齐东　毛志刚　尹洪斌

　　　　邢苏州　刘建勇　刘剑波　刘家寿

　　　　孙　强　李　为　李　谷　李文涛

　　　　李钟杰　杨吉祥　杨晓玲　邴旭文

　　　　吴庆龙　谷德海　冷晓飞　沈锦玉

　　　　张玉超　张堂林　张喜昌　陆建明

　　　　陈家长　陈辉辉　郑　尧　孟顺龙

　　　　原居林　顾志敏　倪　蒙　隋国斌

　　　　曾　巾　蔡春芳

前　言

　　为了充分发挥科技服务农业生产一线的作用，将现今适用的农业新技术及时有效地送到田间地头，使"科技兴农"更好地落到实处，中国农村技术开发中心在深入生产一线和专家座谈的基础上，紧紧围绕当前农业生产对先进适用技术的迫切需求，立足国家科技支撑计划项目产生的最新科技成果，组织专家精心编印了小巧轻便、便于携带、通俗实用的"农村科技口袋书"丛书。

　　《水产生态养殖新技术》筛选凝练了国家科技支撑计划"水产养殖与环境治理技术研究与示范（2015BAD13B00）"项目实施取得的新技术，旨在方便广大科技特派员、种养大户、专业合作社和农民等利用现代农业科学知识、发展现代农业、增收致富和促进农业增产增效，为保障国家粮食安全和实现乡村振兴做出贡献。

"农村科技口袋书"由来自农业生产、科研一线的专家、学者和科技管理人员共同编制，围绕着关系国计民生的重要农业生产领域，按年度开发形成系列丛书。书中所收录的技术均为新技术，成熟、实用、易操作、见效快，既能满足广大农民和科技特派员的需求，也有助于家庭农场、现代职业农民、种植养殖大户解决生产实际问题。

在丛书编制过程中，我们力求将复杂技术通俗化、图文化、公式化，并在不影响阅读的情况下，将书设计成口袋大小，既方便携带，又简单实用，便于农民朋友随时随地查阅。但由于水平有限，不足之处在所难免，恳请批评指正。

编　者

2019 年 8 月

目　录

第一章　　湖泊生态养殖新技术

第一节　　新技术 2

湖泊渔业承载力评估技术 2

湖泊网围河蟹套养大规格罗氏沼虾的养殖
技术 5

湖泊网围河蟹—青虾—鳜鱼多品种生态高
效混养技术 10

基于水环境改善的湖泊鱼类增殖放流技术 15

浅水富营养湖泊鲢鳙控藻技术 19

湖泊养殖迹地生态恢复技术 21

过水性湖泊漂浮式网箱鲢鳙控藻技术 24

第二节　　新模式 27

湖泊围网蟹—草复合生态系统养殖模式 27

富营养湖泊大网围鲢鳙保水渔业模式 31

第二章　水库生态养殖新技术

第一节　新技术..................36

水库鱼类资源水声学调查技术..................36

水库黄尾鲴放养与捕捞管理关键技术..................39

鲢鳙多级放养与捕捞管理关键技术..................42

蒙古鲌人工繁育鱼种运输关键技术..................46

第二节　新模式..................48

水库生态控藻型渔业模式..................48

水库捕捞生态管理技术模式..................51

第三节　新装备..................53

水库浮动复合型人工鱼巢装置..................53

水库双层套养生态网箱装置..................56

第三章　池塘生态养殖新技术

第一节　新品种..................60

凡纳滨对虾兴海 1 号..................60

第二节　新技术..................64

精准组合投喂技术..................64

南美白对虾—罗氏沼虾—鱼多品种混养

池塘生态养殖技术..................68

以饵料结构合理配置为基础的河蟹生态养
　　殖技术 72

池塘养殖环境的藻类原位调控技术 75

池塘鱼—菜/药复合种养技术 77

循环水池塘养殖技术 81

水生蔬菜塘尾水异位处理与循环利用技术 84

尾水水上稻作塘异位处理与循环利用技术 88

对虾精养池塘水环境综合控制技术 93

养殖尾水氮磷去除新材料及回用技术 97

一种蟹塘伊乐藻的管理技术 100

蟹塘杂鱼杂虾控制技术 102

鱼类暴发性死亡防控技术 104

鱼类肝胆综合征防控技术 107

第三节　新模式 110

365 科学养殖模式 110

品质与水质"双质"保障河蟹池塘生态
　　健康养殖模式 115

第四节　新装备、新方案 120

虾蟹人工穴 120

高效增氧装备 124

淡水水产养殖系统水质监测与预测预警

  方案 126

第四章　滩涂生态养殖新技术

第一节　新品种 132

  罗氏沼虾南太湖 2 号 132

  鲫鱼中科 3 号 135

  大口黑鲈优鲈 1 号 137

第二节　新技术 139

  滩涂养殖源水净化处理技术 139

  滩涂养殖尾水处理技术 142

  对虾养殖病害防控技术 145

第三节　新模式 149

  南美白对虾—罗氏沼虾混养模式 149

  虾菜轮作模式 152

第四节　新装备 155

  一种池塘养殖水体调控原位生态修复装置 ... 155

第五章　沿海生态养殖新技术

第一节　新品种 160

  裙带菜海宝 2 号 160

第二节　新技术 163

裙带菜海宝 2 号人工繁育技术 163

裙带菜海宝 2 号养殖技术 166

海带新品系 "E25" 克隆苗生产技术 168

海带新品系 "E25" 养殖技术 171

一种提高裙带菜克隆苗附着效果的技术 173

第三节　新设施 176

一种新型藻礁 176

一种新型产卵育幼礁 179

第一章
湖泊生态养殖新技术

第一节　新技术

湖泊渔业承载力评估技术

技术目标

湖泊渔业承载力评估是湖泊可持续发展评价的重要依据和前提条件，其目标是人们实现对湖泊渔业资源适度合理的持续利用。该技术结合多种指标，综合分析，来评估湖泊渔业承载力。

技术要点

1. 湖泊生物资源分析

水生植物调查：沿"水—水陆交界—季节性水淹区—沿岸陆生"，梯度设置样线与 1 米 ×1 米样方，记录植物种类、盖度、高度等指标。

浮游生物调查：均匀区划湖泊，用 25# 定性网，缚在船上慢速拖拽 10～20 分钟，提网滤水，将样品导入标本瓶并鉴定。

底栖动物调查：按湖泊区域分布，设置样点，利用采泥器采样，分离与洗涤样品并鉴定。

渔获物调查：每个季节中月中旬进行调查，需常年连续调查，采用定置网的方式进行渔获物采集。

2. 环境容量分析

水环境容量计算：以国家地表水环境质量标准中相对应类别指标限值为标准，计算水环境容量。

水环境质量指标测定：1—12月采集湖泊水样，测定氮、磷及有机污染物等的含量。

3. 空间限制因素分析

对湖泊巷道及泄洪、排水通道、水源保护区、生态保护区、繁殖保护区、水上娱乐、水文（风浪、水深等）因素进行分析。

技术难点

多个指标综合评估湖泊承载力，需确定每个指标权重。采用层次分析法来评估承载力，通过两两比较的方式来确定层次中各个因素的相对重要性，然后综合人的判断对各因素的相对重要性进行排序。

计算公式

湖泊承载力指数 =（各指标的生态指数 × 权重）

注意事项

该技术需要基础数据积累，需要对湖泊进行长期持续调查。

技术来源：中国科学院生态环境研究中心

湖泊网围河蟹套养大规格罗氏沼虾的养殖技术

技术目标

本技术的目标在于提出一种利用湖泊网围进行大规格罗氏沼虾和河蟹同池养殖的方法，避免了传统养殖方法中高密度的罗氏沼虾苗种对幼蟹生长和成活率的影响，并减少了饲料的投喂量与管理成本，明显提高了养殖水体的单位经济效益。若推广应用本方法，可大大提高河蟹、罗氏沼虾养殖户或养殖公司的经济效益。

技术要点

1. 网围设置

河蟹养殖网围设计面积 10～15 亩[①]，长宽比 3∶2，水深 1.5～2.5 米。网围底部淤泥以 15～25 厘米为宜，底质平坦。养殖网围采用网片围隔，网片采用孔径 0.8～1.0 厘米的有节聚乙烯网制成，

[①]　1 亩≈667 平方米，全书同。

网片上端穿直径 0.4～0.5 厘米聚乙烯钢绳。网片上下用毛竹固定，网片下端埋入底泥中 0.6 米，上端露出水面 1～2 米并向内悬挂 30 厘米宽塑料片以防河蟹外逃。网片围隔外再以 80 目的绢布围挡，以过滤水质并防止野杂鱼进入网围。

2. 网围准备

1 月上旬用生石灰在网围内彻底消毒，以杀灭致病菌和寄生虫等；使用电捕清除乌鳢、鲇、水蛇、蛙类等敌害生物。每亩水面施钾肥 5 千克，以培养浮游动物和底栖生物。1 月中下旬开始种植伊乐藻（整体比重占 80%），3 月底补种轮叶黑藻和金鱼藻等水草（比重占 20%），水草覆盖度一般为养殖水面的 1/2～2/3 为宜，7 月视水草生长情况适当补种轮叶黑藻和金鱼藻。

3. 苗种投放

（1）河蟹：1 月底开始放养扣蟹，密度以 1 000 只/亩为宜，规格为 80～100 只/千克，河蟹的雌雄性比按 4∶6 搭配。蟹苗放养前用 5% 食盐水浴洗 10 分钟，杀灭寄生虫和致病菌。扣蟹先集中放养在网围中央面积约 2 亩的暂养区，4 月初拆除暂养区。

（2）罗氏沼虾：罗氏沼虾于 5 月中下旬选择晴天放养，苗种规格需达到 80～100 尾/千克，放养密度 5 千克 / 亩。苗种放养前用 5% 食盐水浸浴 10～15 分钟，放虾苗时应先将氧气袋置入塘水中 10～15 分钟，以减小袋中和湖水间的温差。

4. 饲　喂

1—4 月幼蟹暂养期间，使用颗粒饲料投喂，同时辅以杂鱼或冰鲜鱼鱼糜，以无残剩为度；5—9 月虾蟹混养后，以冰鲜鱼投喂为主，且随着河蟹的生长逐步增加冰鲜鱼的投饵量；7—11 月，开始添加玉米的投喂。此外，3 月和 7 月要求投放新鲜螺蛳以净化水质和补充河蟹的食物饵料，两次投放密度分别为 100 千克 / 亩和 200 千克 / 亩。罗氏沼虾和河蟹食性相近，可利用网围中的剩余饵料，无须再投喂其他特定饵料。河蟹网围的具体投饵量视天气状况、水质状况和虾蟹的摄食强度灵活掌握。

5. 日常管理

（1）水质调节：蟹苗暂养期间保持水质清新，提高透明度以促进沉水植物的生长；混养后保持透明度 50 厘米以上，同时可用绢布围挡网围，减少风浪和外来污染物的影响；夏季高温季节要勤开机增氧，特别是连续阴雨天，要每天午夜开机至天明。

（2）病害预防：每月定期用 20 克 / 立方米水

体的生石灰和 1.2 克/立方米水体的漂白粉交替在网围内泼洒；气温升高后病害容易出现，可用二氧化氯、溴氯海因全网围泼洒，预防细菌性病害；如仍发现虾蟹生病，及时针对病情采用药物治疗。

（3）生产检查：每月进行一次，对虾蟹的规格、生长、健康做到心中有数，及时掌握虾蟹的生长情况，观察虾蟹的吃食、活动情况，适当调整投喂量和投喂频率；每天早晚各巡视一次，及时修补破损的网片或防逃片，防止虾蟹外逃或野杂敌害生物进入池内。

6. 起 捕

罗氏沼虾从 9 月中下旬可开始捕捞上市，此时其规格大，价格高；罗氏沼虾需在 11 月下旬前捕捞干净，以防止罗氏沼虾在气温降低后死亡。河蟹从 9 月底即可开始挑选已达上市规格的商品蟹上市销售；捕捞使用地笼诱捕，12 月底前将河蟹全部捕捞上市。

适用范围

该技术适合长江中下游地区宜渔大水体。

注意事项

河蟹、罗氏沼虾的苗种要求选择肢体健全、

体质健壮、体表无污物、无寄生虫的商品苗，同一网围放养的蟹苗、虾苗规格一致。

技术来源：中国科学院南京地理与湖泊研究所、江苏省太湖渔业管理委员会办公室

湖泊网围河蟹—青虾—鳜鱼
多品种生态高效混养技术

技术目标

河蟹—虾—鱼混养模式最大限度利用了养殖水体的立体空间及天然生物饵料，明显提高了养殖池塘的单位经济效益，具有较好的推广和应用前景。

技术要点

1. 网围设置

河蟹养殖网围设计面积10～15亩，长宽比3∶2，水深1.5～2.5米。网围底部淤泥在15～25厘米为宜，底质平坦。养殖网围采用网片围隔，网片采用孔径0.8～1.0厘米的有节聚乙烯网制成，网片上端穿直径0.4～0.5厘米聚乙烯钢绳。网片上下用毛竹固定，网片下端埋入底泥中0.6米，上端露出水面1～2米并向内悬挂30厘米宽塑料片以防河蟹外逃。网片围隔外再以80目的绢布围挡，以过滤水质并防止野杂鱼进入网围。

2. 网围准备

1月上旬用生石灰在网围内彻底消毒，以杀灭致病菌和寄生虫等；使用电捕清除乌鳢、鲇、水蛇、蛙类等敌害生物。每亩水面施钾肥5千克，以培养浮游动物和底栖生物。1月中下旬开始种植伊乐藻（整体比重占80%），3月底补种轮叶黑藻和金鱼藻等水草（比重占20%），水草覆盖度一般为养殖水面的1/2～2/3为宜，7月视水草生长情况适当补种轮叶黑藻和金鱼藻。

3. 苗种投放

（1）河蟹：1月底开始放养扣蟹，密度以1 000只/亩为宜，规格为80～100只/千克，河蟹的雌雄性比按4∶6搭配。蟹苗放养前用5%食盐水浴洗10分钟，杀灭寄生虫和致病菌。扣蟹先集中放养在网围中央面积约2亩的暂养区，4月初拆除暂养区。

（2）青虾：1月底在暂养区外，放养规格400～500尾/千克的青虾，密度为3千克/亩；7月底补放规格1 000～1 500尾/千克的青虾，放养密度为3千克/亩。苗种放养前用5%食盐水浸浴10～15分钟，放虾苗时应先将氧气袋置入湖水中10～15分钟，待适应湖水温度后放入。

（3）鳜：4月中旬放养鳜等肉食性经济鱼种，

以调控网围内的小杂鱼及病虾等，鳜的苗种规格为 10～15 克 / 尾，密度为 20～30 尾 / 亩；同时，每亩放养尾重 100 克左右的鲢、鳙大规格鱼种 5 尾以调控水质。

4. 饲 喂

1—3 月幼蟹暂养期间，使用颗粒饲料投喂，同时辅以杂鱼或冰鲜鱼糜，以无残剩为度；4—9 月虾蟹混养后，以冰鲜鱼投喂为主，且随着河蟹的生长逐步增加冰鲜鱼的投饵量；7—11 月，开始添加玉米的投喂。此外，3 月和 7 月要求投放新鲜螺蛳以净化水质和补充河蟹的食物饵料，两次投放密度分别为 100 千克 / 亩和 200 千克 / 亩。青虾和河蟹食性相近，可利用网围中的剩余饵料，无须再投喂其他特定饵料；套养的鳜等经济鱼类也可利用网围中自然生长的小杂鱼等作为饵料。河蟹网围的具体投饵量视天气状况、水质状况和虾蟹的摄食强度灵活掌握。

5. 日常管理

（1）水质调节：蟹苗暂养期间保持水质清新，提高透明度以促进沉水植物的生长；混养后保持透明度 50 厘米以上，同时可用绢布围挡网围，减少风浪和外来污染物的影响；夏季高温季节要勤开机增氧，特别是连续阴雨天，要每天午夜开机至天明。

（2）病害预防：每月定期用20克/立方米水体的生石灰和1.2克/立方米水体漂白粉交替在网围内泼洒；气温升高后病害容易出现，可用二氧化氯、溴氯海因全网围泼洒，预防细菌性病害；如仍发现虾蟹生病，及时针对病情采用药物治疗。

（3）生产检查：每月进行一次，对虾蟹的规格、生长、健康做到心中有数，及时掌握虾蟹的生长情况，观察虾蟹的吃食、活动情况，适当调整投喂量和投喂频率；每天早晚各巡视一次，及时修补破损的网片或防逃片，防止虾蟹外逃或野杂敌害生物进入网内。

6. 起　捕

青虾生长非常迅速，一般从5月即可开始挑选已达上市规格的商品虾上市销售；5—7月、10—11月使用地笼，采取轮捕和捕大留小的方法将网围内的青虾全部捕捞上市。河蟹从9月底即可开始挑选已达上市规格的商品蟹上市销售；捕捞使用地笼诱捕，12月底前将河蟹全部捕捞上市。套养鱼类在12月河蟹全部捕捞销售后，可通过拉网或电捕全部捕捞干净。

适用范围

该技术适合长江中下游地区宜渔大水体。

技术来源：中国科学院南京地理与湖泊研究
　　　　　所、江苏省太湖渔业管理委员会
　　　　　办公室

基于水环境改善的湖泊鱼类
增殖放流技术

技术目标

该技术针对目前国内湖泊增殖放流工作在实践中存在的一些突出问题，以渔业增殖放流调控的途径与管理的系统化建设为目标，集成一套基于水环境改善的湖泊鱼类增殖放流技术，以有效发挥渔业资源增殖及生物调控效果，促进湖泊渔业的健康可持续发展。

技术要点

1. 增殖放流规划制定

（1）湖泊渔业资源与鱼类群落结构现状调查。根据湖泊与主要出入湖河流分布特征设置采样点位，通过网籪、刺网、拖网等渔具定期收集和统计渔获物数据，分析鱼类种类组成、年龄结构、种群密度等群落特征指标，研究湖泊渔业资源分布的空间与季节变化规律。

（2）湖泊环境与水生生物饵料监测。综合考虑湖泊形态、水系分布及沉水植物等水生生物空间异质特征，结合鱼类资源现状调查点位设置，监测湖泊与主要出入湖河流的水文、水质及气象参数指标，分析水生生物饵料的空间分布特征与季节变化规律。

（3）湖泊渔业资源历史数据提取及其长期演变趋势分析。基于文献资料、调查报告及渔业管理部门统计年鉴等，提取湖泊不同时期的鱼类群落特征、渔获物组成、鱼类增殖放流措施、渔业捕捞强度及水文水质等数据参数，分析湖泊渔业资源的历史变化特征，同时总结人工增殖放流的历史沿革与放流效果，提出目前实施人工放流中存在的问题。

（4）湖泊渔产潜力评估。基于湖泊水生生物饵料监测数据与渔产潜力评估方法，评价不同生态类型鱼类通过能量转化和利用后最终可形成的鱼产品最大量，为促进湖泊营养物质的多级循环与饵料生物的高效利用提供科学依据。

（5）湖泊鱼类增殖放流规划制定。依据湖泊水生生物资源结构与鱼类群落组成调查，结合渔产潜力评估及生物操纵实验结果，完成基于湖泊水环境改善与生物资源结构优化的鱼类增殖放流模式与规划的制定。

2.增殖放流方案实施

（1）增殖放流苗种健康与生态风险管控。加强放流鱼类亲本来源监管与亲本种质检查，强化苗种遗传资源和健康状况管理，综合考虑水生生物多样性保护与外来种入侵风险。

（2）鱼类增殖放流苗种投放。依据湖泊沉水植物、浮游藻类等生物饵料资源的空间分布特征与放流鱼类的生态类型，合理选择鱼类增殖放流的地点与时间，统筹安排增殖鱼类的苗种规格与组成比例。

3.增殖放流效应评估

评估湖泊现阶段鱼类增殖放流的生态、经济和社会三大服务功能效果，并结合湖泊水质水文情势及鱼类种群结构组成现状，进一步调整优化湖泊鱼类生物调控模式与规划。

4.增殖放流协同管理

（1）湖泊鱼类增殖放流操作规程制定。每年度专家评估渔业资源增殖放流方案，合理调优、科学规范增殖放流实施方案；签订苗种购销合同，规范苗种采购程序；建立健全放流工作的监管制度，全程监督鱼种放流过程。

（2）湖泊鱼类增殖放流效果保护措施。取缔落后渔具渔法，严格控制捕捞强度，合理调整开捕时间，建立完善封湖禁渔制度；加强水产种质资源保护区建设，逐步形成渔业种质资源保护体系；加强渔政执法管理，优化渔政工作思路，增强渔民守法意识，提升湖区管理效能。

（3）流域水生态区划与渔业功能区设置。推进湖泊渔业纳入流域范围内统一规划管理，并基于流域水生态安全调查评估及生态功能划分，结合遥感图像解译与湖泊生物资源格局分布，区划出以生物多样性保护为核心的湖泊渔业功能区域设置。

适用范围

该技术适合长江中下游地区大水面水体。

技术来源：中国科学院南京地理与湖泊研究
　　　　　所、江苏省太湖渔业管理委员会
　　　　　办公室

浅水富营养湖泊鲢鳙控藻技术

技术目标

水体富营养化的主要危害是发生藻华。生产实践中广泛通过放牧鲢鳙来抑制藻华，但这一技术有时效果不稳定。本技术通过参数优化，提升鲢鳙控藻效果的稳定性。

技术要点

1. 鲢鳙放流

（1）放流时间要求：鲢鳙放流时间应在春节前。

（2）放流规格要求：平均规格 50～70 克。

（3）放流密度要求：>30 克／立方米，有机颗粒丰富的水体可降低放养密度至 12 克／立方米；存湖鲢鳙较多时可适当降低放流量。

（4）捕捞和运输要求：鱼苗捕捞后立即装车（船）运输，以专用运鱼船或运鱼车运输，运输时间不宜超过 5 小时。

（5）运达后立即放流。

（6）捕捞、运输、放流的所有操作应满足鲢鲢鳙安全要求，尽量减少胁迫。

2. 捕　捞

（1）视鱼的生长速度和规格捕捞，宜长年、局部捕捞。

（2）捕捞网目 14 厘米及以上。

适用范围

阳澄湖、澄湖、昆承湖及类似的富营养水体。

注意事项

（1）水体应有丰富的螺蚬、河蚌资源。

（2）应采取有效的防偷防盗措施。

（3）所谓满足鲢鳙基本福利要求，以水温为例，如果运输设备内水温与所放流水体水温差大于 2 ℃，应当用所放流水体的水稀释或逐步更换运输设备中的水，减少温差胁迫，旨在提高放流存活率。

（4）如果放流在 3 月进行，放流密度需提高 0.5～1 倍。

（5）4 月以后放流成活率低，不得不在 4 月以后放流，须大幅度提高放流密度。

技术来源：苏州大学

湖泊养殖迹地生态恢复技术

技术目标

传统湖泊养殖造成了湖泊水体和沉积物环境中营养物质富集，水质恶化，湖泊生态功能退化。针对退化湖泊生态系统的普遍特征，从污染源控制和生态系统结构调整两个方面，对网围养殖导致严重污染的特定湖泊区域进行修复，通过构建由鱼、虾等和水生植物组成的耦合生态系统，发展水生植物对污染物的原位削减技术，逐步开展湖泊养殖迹地生态系统结构和功能的恢复。

技术要点

1. 养殖迹地水生植被恢复

水生植被恢复是养殖迹地生态系统恢复的关键。构建围网以消浪、圈定植物、防止外围干扰，维护水体环境让水生植被自然生长，防止外源污染物进入。种植芦苇以及狭叶香蒲等大型水生植物，通过植物根区吸收、拦截和固定大量营养盐以及污染物。调控浮叶植物（莕菜、菱等）以及漂浮植物（水花生、水葫芦等）的种群结构及生物量。逐步恢复沉水植物（苦草、轮叶黑藻、马来眼子菜、金鱼藻、小茨藻、狐尾藻等）。对水生植物的生物量及种群结构进行调控，最终达到净化水质的效果，降低水体和沉积物中的营养盐水平。

2. 养殖迹地生物群落调整

以湖泊已有品种为主，调整滤食性鱼类和贝类数量，降低水中悬浮有机颗粒物和藻类数量，提高水体透明度。调整食物网结构，适当增加肉食性鱼类，控制杂食性鱼类，减少对沉积物的扰动，促进营养盐的沉积输出。通过水生生物间的联合作用，修复沉积物底质，达到最佳恢复效果。

3. 湖泊生态系统长期稳定维护

养殖迹地恢复全过程中进行水体、沉积物理化指标，以及微生物、浮游生物、底栖生物、水生植物、鱼类等生物群落的监测，通过各生物群落在生态修复过程中的联合作用，修复湖泊水质以及沉积物底质。在恢复植被和水体生物多样性的基础上，恢复养殖迹地水域的部分渔业功能。分析湖泊生物资源利用方式和程度，形成以食物链调控为核心的湖泊生态系统抗干扰力和长效稳定技术，最终达到渔业经济效益与湖泊生态环境的协同改善。

适用范围

有网围养殖历史的浅水性湖泊，营养程度较重、水质较差、水华事件频发的湖泊养殖基地。

技术来源：中国科学院南京地理与湖泊研究所、江苏省太湖渔业管理委员会办公室

过水性湖泊漂浮式网箱鲢鳙控藻技术

技术目标

充分合理利用过水性湖泊自然水域资源，建立资源节约、环境友好、生态改善的新型渔业模式，达到改善湖泊生态环境和控制藻类过度繁殖的目的，做到生态环境治理与养殖经济效益双赢。

技术要点

（1）网箱结构为全封闭单层网箱，规格为长 8～10 米、宽 10 米，深度为 2.5 米，面积为 80～100 平方米 / 个。箱体由聚乙烯网片编织而成，网目尺寸根据放养的鱼种规格而定，上纲由圆柱形泡沫浮筒支撑，浮于水面。为保证网箱抗风浪效果，网箱上纲每个角用地锚固定，同时箱底每个角用石块作为沉子。

（2）网箱采用多箱串联设置，每排设置 15～20 个网箱，箱体间距保持在 15 米以上，行间距在 30 米以上，以有利于网箱内外水体交换和作业船只进出。

（3）鱼种放养时间以每年 3—4 月为宜，成活率较高。放养鱼种以鳙为主，并搭配同规格鲢，鳙和鲢的比例在 8∶2 为宜；放养规格为 500～600克/尾，密度为 3～4 尾/平方米。

（4）日常管理应加强网箱的巡视与检查，在鱼种放养后，应及时将网箱入口封好。同时每天巡查一次，在大风天气，及时检查，根据水位调节锚绳长度。每月进行一次生产检查，对鱼类的规格、生长、健康做到心中有数，及时掌握鱼的生长情况。

（5）病害预防：查看鱼的生长情况是否正常，如有病害应及时采取措施，发现死鱼及时打捞清除，并尽快查明病因后采取相应措施。

（6）根据鱼种生长情况，及时起捕上市，成鱼大于或等于 3 斤[①]时起捕，采取捕大留小，同时回放鱼种进行连续养殖。

适用范围

主要适用于长江中下游地区过水性湖泊。

[①]　1 斤 =500 克，全书同。

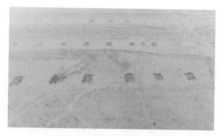

骆马湖漂浮式网箱航拍图

骆马湖漂浮式网箱近景

技术来源：中国科学院南京地理与湖泊研究所

第二节 新模式

湖泊围网蟹—草复合
生态系统养殖模式

技术目标

该养殖模式以建立与湖泊生态环境保护相协调的湖泊养殖渔业为目标，构建由养殖种类和水生植物组成的耦合生态系统，研发沉水植物对污染物的原位消减及基于不同养殖种类优化配置的污染物循环利用等技术，实现湖泊养殖低污染排放，提升养殖水平和水产品质量。

技术要点

1. 水草养护

（1）水草种植。水温 5℃以上，伊乐藻即可萌发，只要水上无冰即可栽培。伊乐藻 10℃开始生长，18~22℃生长旺盛。伊乐藻喜底泥肥的水域，淤泥有机质高的水体中，伊乐藻生长快。7月当水温达 30℃以上时，伊乐藻生长明显减弱，藻叶发黄，部分植株顶端会发生枯萎。待 9月水温下降后，枯萎植株茎部又开始萌生新根，开始新一轮生长旺季。

（2）早期补钾肥促进水草生长。网围养蟹是流动水体，所以早期施肥不多。虽然水体中氮磷含量丰富，但钾含量不足，因此抑制了水草生长，导致很多网围区水草发不出。解决这个问题的关键是补钾，可以适量施用草木灰等补充钾。

（3）及时割草，促根生长。伊乐藻一旦长出水面开花，根部缺乏营养和氧气，极易出现腐烂，败坏水质。因此，要及时割草，控制水草在水面以下20～30厘米，同时可以使用粒粒肥等促进根部粗壮。

（4）改善底泥。要保障网围内水草每年都长得好，必须从底泥着手。可以每隔1～2米使用生石灰消毒的同时，使底部淤泥结块，有利于水草着生。

（5）前期设置小网箱，保障水草生长。为使水草获得较为良好的生长空间，防止被河蟹夹断，可以在网围里放置小网箱，其余水面种植水草。河蟹第二次脱壳前在小网箱里生长，5月底拆除小网箱，这样可以留给水草足够的时间生长。

（6）网围消浪，水体交换。为避免水上风浪大，导致水草生长受到影响，因此在养护过程中，采用围栏进行消浪，同时把漂浮到拦网附近的水草及时捞掉，以利水体交换。

2. 水质改善

伊乐藻即使在寒冷的冬天也不会发生腐烂，因此，它不会污染水质，一年四季保持长青。丛生伊乐藻的水体，水质净化作用强，水体内浮游植物数量少，透明度大，溶氧高，水清见底，适合于河蟹、青虾以及凶猛鱼类的生活。

3. 养殖管理

（1）网围设置。河蟹养殖网围设计面积10～15亩，水深1.5～2.5米。养殖网围采用网片围隔，网片下端埋入底泥，上端露出水面1～2米并向内悬挂塑料片以防河蟹外逃。1月上旬用生石灰清塘消毒，清除敌害生物，并施钾肥以培育生物饵料。

（2）苗种投放。1月底开始放养扣蟹，密度以1 000只/亩为宜，规格80～100只/千克，雌雄性比按4∶6搭配。扣蟹先集中放养在网围中央面积约2亩的暂养区，4月初拆除暂养区。1月底在暂养区外，放养规格400～500尾/千克的青虾，密度3千克/亩；7月底补放规格1 000～1 500尾/千克的青虾，放养密度3千克/亩。4月中旬放养规格10～15克/尾的鳜鱼苗种，密度20～30尾/亩；同时，每亩放养100克/尾的鲢、鳙大规格鱼种 5 尾以调控水质。

（3）日常管理。1—3 月幼蟹暂养期间，使用颗粒饲料投喂，同时辅以杂鱼或冰鲜鱼鱼糜；4～9 月虾蟹混养后，以冰鲜鱼投喂为主，且随着河蟹的生长逐步增加冰鲜鱼的投饵量；7—11 月，开始添加玉米的投喂。此外，3 月和 7 月投放新鲜螺蛳以净化水质和补充河蟹的食物饵料，两次投放密度分别为 100 千克 / 亩和 200 千克 / 亩。

5 月可开始挑选合适规格的青虾上市销售，9 月底可开始挑选合适规格的河蟹上市销售。青虾、河蟹均使用地笼诱捕，并在 12 月底前全部捕捞上市。套养鱼类在虾蟹全部捕捞销售后，通过拉网或电捕全部捕捞干净。

适用范围

该技术适合长江中下游地区。

技术来源：中国科学院南京地理与湖泊研究所、江苏省太湖渔业管理委员会办公室

富营养湖泊大网围鲢鳙保水渔业模式

技术目标

实现"以渔控藻、生态治水"，通过滤食性鱼类直接摄食蓝藻等浮游藻类，实现初级生产力的快速有效转化，以抑制富营养化趋势，稳定水质。

技术要点

（1）网围条件：单个网围面积 30～50 亩，水深 1.2～1.5 米。网围底部淤泥在 15～25 厘米内为宜，底质平坦。养殖网围采用网片围隔，网片采用孔径 4～6 厘米的有节聚乙烯网制成，网片上端穿直径 0.4～0.5 厘米聚乙烯钢绳。网片上下用毛竹固定，网片下端埋入底泥中 0.6 米，上端露出水面 1～2 米。

（2）鱼种来源：鱼种为符合种质标准的原种子代，其中鲢规格 125～150 克 / 尾，鳙 200～250 克 / 尾。

（3）苗种放养：每年冬季 12 月底放入鲢、鳙大规格鱼种，鱼种体质健壮、皮肤无伤、规格整齐。其中每亩投放鲢鱼种 200 尾、鳙鱼种 300 尾，数量比例4:6。放养时间尽量控制在10天以内，放养时用10毫克/升碘伏浸浴5分钟，预防水霉病发生。成鱼在第三年规格达到1 000~1 500克/尾时捕捞出售。

（4）水质监测：经常监测养殖区的水质，预防网围附近发生水质污染，如有异常，应及时上报；高温季节要勤开机增氧，特别是连续阴雨天，要每天午夜开机至天明。

（5）病害预防：查看鱼的生长情况是否正常，如有病害应及时采取措施，发现死鱼及时打捞清除，并尽快查明病因后采取相应措施。

（6）生产检查：每天巡查一次，观察鱼的吃食、活动情况。每月进行一次生产检查，对鱼类的规格、生长、健康做到心中有数，及时掌握鱼的生长情况。

适用范围

主要适用于长江中下游地区轻中度富营养化湖泊。

高邮湖大网围

技术来源：中国科学院南京地理与湖泊研究所

第二章
水库生态养殖新技术

第一节 新技术

水库鱼类资源水声学调查技术

技术目标

在水库鱼类资源调查中将水声学方法和刺网采样结合起来，既利用了水声学调查快速高效、不损伤调查对象的优点，又通过鱼类群落采样弥补了水声学不能区分鱼类种类的缺陷，为水库渔业资源管理提供快速、准确、有效的数据支撑。

技术要点

（1）鱼探仪调查距离：总的走航长度≥5×$\sqrt{水库面积}$。

（2）鱼探仪走航路径：首先根据水库形态将水面进行分区（图），再为各分区设计走航路径，主要包括"Z"形和平行两种调查路径。

（3）鱼类群落采样站点设置：在各分区中布设3～5个站点，用于多网目规格刺网的鱼类群落采样。

（4）水声学数据采集：将科研用鱼探仪安装在调查船只上，记录换能器至水底的声学映像数

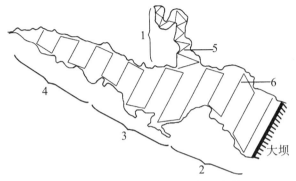

水库鱼类资源水声学调查路径示意图

1- 支流　2- 库首　3- 库中　4- 库尾
5-"Z"形路径　6- 平行路径

据，通过渔业声学软件分析处理，获得水库鱼类资源的声学评估数据。

（5）鱼类群落样品采集：于日落前2小时在各分区中布设刺网，12个小时后收回网具，统计各分区渔获物的种类、体长、体重、数量和比例。

（6）鱼类资源综合评估：结合水声学评估数据和鱼类群落数据，得出水库鱼类资源量、空间分布、种类组成和大小结构等结果。

适用范围

本技术适宜全国范围内水深不低于 5 米的水库。

注意事项

（1）将科研用鱼探仪的换能器垂直固定在调查船的左舷或者右舷，与船首的距离为 1/3 船长，换能器入水深度至少 0.5 米，鱼探仪调查船只的走航速度保持在 7～10 千米 / 小时。

（2）对于水库岸线呈狭长带状分布或环岛屿分布的水域多采用"Z"形路径，除调查水域特别复杂外的绝大部分水域应采用平行路径，调查时应从水流的上游向下游进行。

（3）水声学信号分析软件一般采用 Sonar 5 或 Echoview。

技术来源：中国科学院水生生物研究所

水库黄尾鲴放养与捕捞管理关键技术

技术目标

黄尾鲴（*Xenocypris davidi*）是一种碎屑食性经济鱼类，具有生长迅速、抗病性强、捕捞方便等优点，通过合理放养和捕捞黄尾鲴，可有效利用水库中丰富的有机碎屑资源，发挥渔业经济效益和生态效益。

技术要点

1. 黄尾鲴鱼种放养技术

（1）放养时间：当年繁育的鱼种一般在5—6月放养。

（2）放养地点：远离进出水口，如溢洪道、泄洪洞等。

（3）放养方法：用机动船将鱼种运至预定的放养地点，放养前鱼种可用20毫克/升高锰酸钾溶液浸泡10分钟，或用3%食盐溶液浸泡5～10分钟。鱼种分散投放，船速小于0.5米/秒。

（4）放养规格：放养鱼种全长2～4厘米，标志放养鱼种全长8～12厘米。

（5）放养量：70～200尾/公顷，视库区饵料生物资源量做适当调整。

2.黄尾鲴捕捞管理技术

（1）捕捞时间：每年春季（3—5月）可进行小规模捕捞，大规模捕捞一般在9月下旬至翌年1月。

（2）捕捞方法：采用声网驱集渔法或刺网（网目大小2a=6～10厘米）捕捞。

（3）捕捞规格：起捕的个体重量≥0.3千克，小于此规格的个体宜放回水库里再养。

适用范围

本技术适宜我国全国范围内有机碎屑资源丰富的水库。

注意事项

（1）定期对放养黄尾鲴进行采样调查，调查内容包括生长速度、鱼产量、回捕率等。

（2）在每个放养周期结束时，对黄尾鲴放养的经济效益、生态效益和社会效益进行评估，特别留意放养是否产生负面生态效应。基于评估结果，及时调整黄尾鲴放养量。

黄尾鲴（*Xenocypris davidi*）

技术来源：中国科学院水生生物研究所

鲢鳙多级放养与捕捞管理关键技术

技术目标

在精养鱼池强化水质调控和饵料保障，培育出大规格鲢、鳙鱼种，再转入小型水库合理稀疏养殖，提高生长速度并适应较大水域环境，最后投放到大中型水库进一步改善品质和增大规格，通过缩短每级养殖周期降低成本和风险，并使产品质量和销售价格得以提升。

技术要点

1. 鲢鳙"精养池塘—水库"放养技术

（1）放养时间：结合水库捕捞规律，遵循"轮捕轮放"原则，一般冬季或初春时节放养鲢鳙苗种。

（2）放养地点：选择浮游生物较丰富的库区，远离进出水口如溢洪道、泄洪洞等。

（3）放养方法：用机动船将鱼种运至预定的放养地点，放流前鱼种可用 20 毫克 / 升高锰酸钾溶液浸泡 10 分钟，或用 3% 食盐溶液浸泡 5～10 分钟。鱼种分散投放，船速可小于 0.5 米 / 秒。

（4）放养规格：鲢鳙鱼种规格大于 0.5 千克/尾，即鲢的全长控制在 30 厘米左右或以上，鳙的全长控制在 22 厘米左右或以上，以降低被鲌类等凶猛性鱼类捕食的风险。

（5）放养量：根据水库水质条件和浮游生物生物量，以及放养后鲢鳙的生长和存活情况来确定。整体上，控制鲢鳙的总放养比例占总放养量的 60%～80%，且根据库区水体营养条件确定鲢鳙比例。

2. 鲢鳙"精养池塘—水库"捕捞管理技术

（1）捕捞时间：结合水库捕捞规律，适时在精养池塘捕捞适宜规格的鲢鳙苗种，一般每年初春，水库暂停捕捞，在精养池塘进行小规模捕捞，适量投放苗种；每年冬季，水库大规模捕捞，在精养池塘进行大规模捕捞，及时补充苗种，做到"轮捕轮放"。

（2）捕捞规格：起捕个体重量≥1.50 千克，小于此规格的个体放回水库再养。

（3）捕捞方法：采用声网驱集渔法或拉网捕捞，严格控制网目大小，做到"捕大留小"。

适用范围

本技术适宜我国全国范围内浮游生物资源丰

富的水库。

注意事项

（1）装运前一天鱼种应禁食，经长途运输的鱼种运到水库后，应先将库水缓缓加进装鱼容器中，待容器内水温与库水温差不大时，再将鱼种缓慢地投放入库。

（2）严格把控放养苗种的质量关并做好投放前消毒工作，以确保投放初期苗种的存活率。

（3）定期对放养鲢鳙进行采样调查，调查内容包括生长速度、鱼产量、回捕率等。

（4）在每个放养周期结束时，对鲢鳙放养的经济效益、生态效益和社会效益进行评估，特别留意放养是否产生负面生态效应。基于评估结果，及时调整鲢鳙放养量。

鲢（*Hypophthalmichthys molitrix*）

鳙（*Aristichthys nobilis*）

技术来源：中国科学院水生生物研究所

蒙古鲌人工繁育鱼种运输关键技术

技术目标

随着蒙古鲌（ *Culter mongolicus* ）在水库人工放养的开展，对其人工繁育鱼种的需求量越来越大，鱼种的运输也越来越频繁。蒙古鲌是一种应激性较强的鱼类，在运输过程中常具有较高的死亡率。本技术提出不同规格蒙古鲌鱼种的适宜运输时间以及添加麻醉剂方法，目的在于提高蒙古鲌鱼种的运输存活率。

技术要点

（1）运输鱼种的容器：夏花鱼种（全长3～4厘米）采用薄膜袋充氧运输，冬片鱼种（全长10～12厘米）采用塑料桶或运鱼箱充氧运输。

（2）运输鱼种的密度：根据个体规格和运输时间来确定。对于夏花鱼种（全长3～4厘米），运输时间小于3小时，400～600尾/袋；运输时间3～6小时，200～400尾/袋；运输时间6～12小时，100～200尾/袋。对于冬片鱼种（全长10～12厘米），运输时间小于3小时，6 000～8 000尾/立方米；运输时间3～6小时，4 000～6 000尾/立方米；
运输时间6～12小时，2 000～4 000尾/立方米。

（3）降低鱼种应激反应的方法：可利用降温
或添加麻醉剂（5～10毫克/升丁香酚或40毫克/
升MS-222）的方
法降低运输过程中
蒙古鲌鱼种的应激
反应。

适用范围

本技术适宜长
江流域蒙古鲌放养
鱼种运输管理。

注意事项

装运前一天鱼
种应禁食，水温过
高时可加冰降温。

运输蒙古鲌鱼种的充氧薄膜袋

技术来源：中国科学院水生生物研究所

第二节　新模式

水库生态控藻型渔业模式

技术目标

在营养水平高、春夏季藻类水华频发的水库开展控藻型渔业，即通过增殖放流调整鱼类群落结构，恢复和强化渔业生态系统的控藻自然功能，将藻类的初级生产力通过食物网转化为可被渔业利用的部分。

技术要点

1. 控藻渔业模式设计

（1）生物滤藻移动平台：可将已取缔的网箱改造为不投饵的生物控藻移动式平台，以滤食性鱼类和贝类为主养品种，搭配放养刮食性鱼类。

（2）鲢、鳙大水面放养：在支流库湾等水域设置拦网，通过大水面放养鲢和鳙，直接利用转化浮游藻类资源。

（3）凶猛鱼类增殖调控：提高局部生境异质性，促进土著凶猛鱼类自然繁殖，发挥其控制小型鱼类种群和间接控藻的作用。

2. 控藻渔业技术规范

（1）控藻渔业放养结构：根据浮游生物群落和鲢鳙食性，确定鳙鲢的适宜比例；根据小型鱼类群落和凶猛性鱼类食性，确定两者的适宜比例。

（2）控藻渔业放养强度：根据生物能量学和饵料生物生产力，计算鲢、鳙、凶猛性鱼类等种类的水体承载力。

（3）放流鱼种适宜规格：根据鱼类生长特征和环境需求，放流 1 龄鱼种、冬片或寸片，提高鱼类存活率。

（4）放流鱼种质量控制：苗种来源选择库区周边具有良种资质的鱼类繁育场，严格执行 SC/T 1008—2012《淡水鱼苗种池塘常规培育技术规范》。

（5）放流时间和地点：5—6 月或 10—11 月，选择符合 GB 11607—89《渔业水质标准》的水域进行放流，提高放流鱼类的存活率。

3. 监测与监护管理

（1）鱼类存活和生长监测：通过标记回捕和渔获物取样等途径，监测鱼类种群数量变化、生长速度、肥满度等状况。

（2）藻类群落和水环境监测：监测藻类生物量、优势种组成、藻华频次和范围、水质量化指标等状况。

（3）防逃防盗等日常管理：联合渔政等部门开展水域管理，坚持巡查制度，杜绝滥捕、电鱼、炸鱼等恶劣破坏行为。

适用范围

适宜全国范围内富营养化程度高的水库。

技术来源：中国科学院水生生物研究所

水库捕捞生态管理技术模式

技术目标

通过对水库捕捞渔业调查，在掌握渔具渔法的捕捞特性、渔获种类的时空分布和渔业生物学特征的基础上，结合种群动态和种间关系分析，构建基于生态系统的捕捞管理技术模式，可持续利用库区渔业资源，维持生态系统平衡和稳定。

技术要点

1. 捕捞水域和时间限定

（1）禁渔区设置：根据库区鱼类资源现状及栖息地分布特征，设置不同类型的禁渔区，包括完全禁渔区、特设禁渔区和适宜捕捞区。

（2）禁渔期设置：根据库区鱼类繁殖时间和生活史过程，设置不同类型的禁捕期，包括全年禁捕期、特设禁渔期和常规禁渔期。

2. 捕捞对象限定

（1）捕捞类群划分：根据鱼类群落结构、种群恢复力和生态功能等特征，确定禁止捕捞的鱼类、适宜捕捞的鱼类、需要捕捞调控的鱼类。

（2）起捕规格、限额：通过对鱼类生长加速度拐点的计算和种群单位补充量分析，确定经济鱼类的适宜起捕规格和捕捞总量限额。

3. 渔具渔法定向管理

（1）禁用渔具渔法：包括电捕、灯光诱捕型抬网、延绳钓钩等，规定在全库区、全年禁止使用。

（2）限用渔具渔法：包括地笼、盖网、三层刺网、单层刺网等，根据捕捞效率和捕捞选择性等特征，确定其使用空间、时间、最小网目和适宜强度。

4. 捕捞效应评价和预测

（1）效应指示参数：包括渔获物的物种丰富度指数、香农威尔多样性指数、辛普森优势度指数、单位捕捞努力的渔获量、体长范围和平均值等。

（2）食物网效应：包括渔获物的平均营养级、各种食性鱼类占渔获总重的百分比、凶猛性鱼类和小型鱼类的比例等。

适用范围

适宜全国范围内有渔业捕捞活动的水库。

技术来源：中国科学院水生生物研究所

第三节　新装备

水库浮动复合型人工鱼巢装置

技术目标

针对春季、夏季水库水位波动对产黏性卵鱼类（鲤、鲫、鲌、鲇等）繁殖的不利影响，通过在消落区设置可浮动的复合材料人工鱼巢，为亲鱼提供产卵附着基质，避免受精卵在水位下降时露出水面而死亡，促进鱼类资源保护和可持续利用。

装置简介

本装置取材方便，成本低廉。两种粘附基质能够很好地为产黏性卵鱼类的受精卵提供发育场所。装置结构简单，安置、拆除方便，便于使用和推广；效果显著，可为天然及增养殖水体的产黏性卵鱼类提供良好的繁殖条件。

技术要点

（1）浮动复合型人工鱼巢主体结构为浮动框架（图），在浮动框架的四周设多个固定装置，浮动框架与固定装置之间采用活动链接。

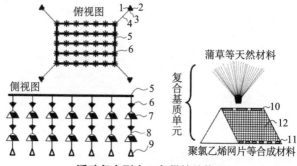

浮动复合型人工鱼巢的结构图

1- 固定桩 2- 浮子 3- 金属环 4- 固定绳 5- 浮动框架
6- 蒲草 7- 聚氯乙烯网片 8- 缆绳 9- 沉子
10- 大浮子 11- 小浮子 12- 金属丝

（2）在浮动框架上分别设多根缆绳，在缆绳的端部固接沉子，在沉子与浮动框架之间的缆绳上固定连接多组粘附基质。

（3）如图所示，固定装置包括固定桩、金属环、浮子和固定绳，其中金属环套接在固定桩上，在金属环上固定安装浮子，固定绳的一端固定连接在金属环上，另外一端固定连接在浮动框架上。

（4）粘附基质设有框架，在框架的边角上安装大浮子或小浮子，在框架的表面上固定连接聚氯乙烯制成的网片。粘附基质为蒲草制成。

（5）框架为金属丝制成的三棱体形，在三棱体其中的两面上粘附网片。

适用范围

适宜全国范围内水库消落区鱼类繁殖生境修复。

注意事项

（1）粘附基质包括两种类型，其中一种粘附基质由直径为4毫米的金属丝制成框架，再由40目聚氯乙烯网片围成边长40厘米、高60厘米的无底正三棱柱形结构，上纲安装3个大浮子，下纲安装6个小浮子，以保证粘附基质平稳悬挂于水中。

（2）另外一种粘附基质由蒲草制成。将采集到的蒲草晒至半干后截成25～30厘米小段，用细绳从一端扎成束，再从上至下把茎状叶划开成须状。使用前用1%高锰酸钾溶液浸泡10分钟，以减少水霉病发生。

（3）固定装置位于浮动框架的四个角方向，在较深水体中可根据实际情况适当调整固定装置的位置，安置于较浅处，起到固定鱼巢的效果即可。

技术来源：中国科学院水生生物研究所

水库双层套养生态网箱装置

技术目标

该装置用于克服现有网箱养殖饵料利用率低、环境影响大等缺点，提供一种安全生态的双层立体养殖网箱，增加装置的稳定性和环保性，提高综合经济效益和环境效益。

装置简介

该生态网箱装置具有以下特点：①采用双层箱体结构，便于鱼类残饵和粪便的再次利用。②采用钢筋水泥悬浮装置和平台，增加了网箱整体的抗风浪能力，提高了生产安全性。③安装了鱼类粪便收集装置，构建基于水生蔬菜和沉水植物的净化设施。

技术要点

（1）如图所示，主体结构包括内层子网箱、外层母网箱、水泥悬浮装置、水泥行人通道、网箱边缘固定环、悬浮装置连接板、钢构行人通道。

（2）浮力装置为长 2～8 米、宽 0.8 米、高 0.6

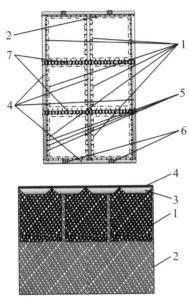

装置俯瞰图（上图）和侧视图（下图）

1– 内层子网箱　2– 外层母网箱　3– 水泥悬浮装置
4– 水泥行人通道　5– 网箱边缘固定环　6– 悬浮装置连接板
7– 钢构行人通道

米的钢筋水泥漂浮船。水泥行人通道为钢筋水泥
板，钢筋水泥板上每隔 3 米设置 1 个漂浮船舱体
检修口，行人通道上方铺设橡胶防滑垫。网箱边

缘固定环为铝合金钩状固定环，以 1 米为间距安装在水泥行人通道两侧边缘。悬浮装置连接板是由钢筋焊接而成的长 0.5～1.0 米、宽 0.8 米的栅条板。钢构行人通道是一种长 10 米，宽 0.5 米的钢制栅栏形可移动通道。

（3）内层子网箱、外层母网箱均为上开口网箱，聚乙烯材质。内层子网箱规格 10 米 ×10 米 ×5 米（长 × 宽 × 深），外层母网箱规格 30 米 ×20 米 ×10 米（长 × 宽 × 深），网箱的网目规格根据鱼苗个体变化而更换不同的网衣。

适用范围

该装置在我国宜渔的大型水库中具有良好的应用前景。

注意事项

（1）内层子网箱内部为精养殖区，单养经济价值较高的鱼类，主要包括斑点叉尾鮰、长吻鮠、鳜、武昌鱼、鲟等。

（2）内层子网箱与外层母网箱之间区域为综合混养区，不投饵养殖，主要养殖鲢、鳙、鲫等。

技术来源：中国科学院水生生物研究所

第三章

池塘生态养殖新技术

第一节 新品种

凡纳滨对虾兴海1号

品种来源

凡纳滨对虾兴海1号是以2011年分别从广东省湛江市和广西壮族自治区(以下简称广西)东兴市7个不同养殖群体中挑选的3 880尾凡纳滨对虾为基础群体,以成活率和体重为目标性状,采用BLUP选育技术,经连续4代选育而成。2018年5月,通过全国水产原良种审定委员会审定,获得国家农业农村部颁发的水产新品种证书(品种登记号:GS-01-007-2018)。

特征特性

兴海1号第一、第二游泳足明显粗壮,适应性强,生长速度快,养殖成活率高,养殖100日龄平均成活率为77.80%,平均体质量为15.42克。在相同的环境下,与美国对虾改良系统一代苗相比,平均成活率提高了15.0%。养殖规格整齐,均匀度好,收获期低于群体体质量均值的个体比例低于10%。池塘养殖单产为786.7~1 308.0千克/亩，养殖成活率为 68.0%～85.0%。

技术要点

（1）放苗前，对虾池进行整理、清污、消毒、除害，进水后培养饵料生物。

（2）选择体长达 0.8～1.2 厘米，胃肠饱满，体色透明，体形肥壮，大小整齐，无畸形，活力强，弹跳力大，经检测无白斑、桃拉病病原等病源的虾苗。虾苗使用容量为 5～8 升的塑料袋运输，装运 1 厘米长的虾苗 0.8 万～1.5 万尾/袋，运输时避开高温时段。

（3）养成池水深 1.5 米以上，水质肥嫩，以绿藻、硅藻为主；水色为黄绿色或黄褐色；透明度在 40 厘米左右；水温 18 ℃以上；pH 值 7.8～8.6。注意育苗池与养成池的温度和盐度变化，24 小时温差控制在 3 ℃、盐度差控制在 3 以内。放苗量控制在 8 万～18 万尾/亩，具体根据养殖条件及管理水平而定。

（4）饲料主要使用人工配合饲料，使用优质配合饲料。养殖前期，日投饲量为虾体重 5%～6%；养殖中期（虾体长 3～8 厘米），日投饲量为虾体重的 3%～4%；养殖期（虾体长 8 厘米以上），日投饲量为虾体重的 2%～3%。投喂方法为沿池边均匀泼洒投喂。遵循"少量多投、日少夜多、均匀投洒"的原则。投喂次数应根据池塘环境、对虾生理状况及对虾摄食情况等灵活调整。

（5）养殖理想的水色是由绿藻或硅藻所形成的黄绿色或黄褐色。在养殖过程施用微生态制剂，到养殖中后期适量换水（也可不换水）及施用一定量的生石灰以控制水色和 pH 值。养殖前期视水质状况间歇性开增氧机，养殖后期必要时需 24 小时开机，以保证池水溶氧量在 5 毫克 / 升以上，池水底层溶氧量在 3 毫克 / 升以上。养虾前期主要以添加水为主，中后期适量换水。换水量要因地制宜，虾苗体长 5 厘米之前一般以添加水为主；体长 6～8 厘米时每隔 6～7 天换水 5～10 厘米；体长厘米以上每隔 3～4 天换水 10～15 厘米。

适宜地区

适合我国南方沿海高位池塘、普通虾塘、大棚等对虾主要养殖模式，在不同的养殖密度、养殖温度、养殖模式下均具有良好的表现。

注意事项

（1）放苗前必须先了解天气情况，避开大风暴雨天放苗。放苗点应在池水的上风处。

（2）日常检查饲料台的摄食状况，及时调整当日投喂量；检查与清除虾池周围的敌害和异物；观察虾的活动情况，发现异常的虾或病虾、死虾，要及时捞出深埋，并查清原因，采取相应措施。

（3）养殖水排放前必须先经过水质净化处理后再排放，以免污染周围环境。

（4）做好病害防治，特别是对虾白斑综合征（WSSV）、桃拉综合征（TSV）、对虾烂鳃病、对虾红腿病和丝状藻类附着病的防治。

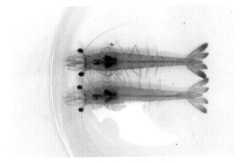

凡纳滨对虾兴海1号

技术来源：广东海洋大学、湛江市国兴水产科技有限公司

第二节　新技术

精准组合投喂技术

技术目标

精准组合投喂技术旨在解决"喂什么""喂多少""怎么喂"的问题。使饲料发挥最高利用率最大效益，同时又避免因饲料浪费造成的水环境污染。

技术要点

1.饲料的选择（档次、料型、粒径）

档次的选择：饲料的选择则应该遵循饲料营养水平与养殖品种的营养需求匹配。

（1）同一种鱼在饲料品种选择时，建议幼鱼阶段选择档次高的饲料；成鱼阶段可适当降低饲料档次。

（2）饲料营养物质需求：肉食性鱼类≥杂食性鱼类≥草食性鱼类。例如，鲫鱼的粗蛋白需要量高于草鱼。

（3）鱼价高，可选择档次高的饲料投喂，缩短上市时间，提高养殖效益。

料型的选择：建议沉性颗粒饲料与浮性膨化饲料搭配使用，沉性颗粒饲料与浮性膨化饲料按照 1:1 的比例进行投喂。

粒径的选择：在能摄食的前提下，饲料粒径应尽可能大。实际生产中，粒径的选择要结合鱼的口径大小，鱼的口径越大适宜的饲料粒径也越大。

2. 投喂率的确定

投喂率是指投放水体中的饲料重量占养殖动物体重的百分数。投饲率的高低与养殖品种的重量、水温密切相关。同一养殖品种，幼鱼阶段的投饲率高于成鱼阶段；适宜水温范围内，水温越高，投饲率越高。

根据实际养殖经验，建议投饲量控制在"七八成饱"的范围内。"七八成饱"的原则有两层意思：一是指喂到养殖鱼类饱食量的七八成；二是指养殖鱼类有 70%～80% 能吃饱，余下的 20%～30% 吃不饱。

3. 投喂方式、投喂次数、投喂时间

投喂方式：根据养殖模式，灵活选择投喂方式。鱼类饲料的投喂方法有手撒投喂、自主采食、投饵机投喂 3 种。

投料时遵循慢—快—慢、少—多—少原则定

点投饲。一般投饲前 3 分钟，低频率投喂，投饲面积为正常投饲面积的 1/3 左右。大多数鱼群集中后，展开投饲面积，正常频率投喂。结束投饲的 5 分钟内放慢投饲频率。待 70%～80% 鱼群离开投饲区，关闭投饵机。

投喂次数：投喂次数与鱼消化器官的特性相关。无胃鱼的投喂次数应该高于有胃鱼。幼鱼阶段消化器官发育不完善，消化吸收能力不如成鱼阶段，建议幼鱼阶段投喂次数高于成鱼阶段。

投喂时间和地点：投喂时间宜安排在太阳出来后 2 小时与太阳落山期间。最好选在鱼体摄食旺盛及水质、水温条件好的时间。水温溶氧越接近鱼体最适宜数据，该次的投喂量可越大。投喂地点选择阳光充足、水深、溶氧高（大于 3 毫克/升）距离池埂 5～8 米的地方投饲。

适用范围

适用于池塘养殖。

注意事项

如发现摄食量异常，应全面分析水温是否骤变、溶氧是否充足、鱼体是否发病、是否捕捞刺激、是否换料等原因，并及时调整。夏季高温季节，应适度控制投喂量，密切关注鱼体状况，一旦发现死鱼情况，立即控料甚至不投喂。

　　技术来源：通威股份有限公司

南美白对虾—罗氏沼虾—鱼
多品种混养池塘生态养殖技术

技术目标

解决南美白对虾单独养殖过程中易发病、死亡率高、效益不稳定的问题。多品种混养能有效利用养殖空间，罗氏沼虾、黄颡鱼和胡子鲇可以摄食体弱病态的对虾，有效控制虾病，鲢可以摄食蓝藻调控水质，且饵料投入成本下降，水体自净能力增强，生态效益显著。该技术南美白对虾成活率高，规格大，且多收获经济价值较高的罗氏沼虾、黄颡鱼/胡子鲇，经济效益可观。

技术要点

1. 清　塘

彻底晒塘至龟裂发白，清除表层淤泥；在放苗前10～15天，注水并用30毫升/升茶籽饼清塘，进行杀菌消毒，杀灭敌害生物。

2. 虾苗放养

华东地区在5上旬，水温稳定在18 ℃以上时，投放淡化后的南美白对虾苗种，投放密度为每亩 5 万～5.5 万尾，规格为体长 0.8～1 厘米。

3. 多品种混养

采用南美白对虾和罗氏沼虾主混养，配以经济鱼类黄颡鱼 / 胡子鲇，同时混养少量鲢调水；南美白对虾与罗氏沼虾每亩放养比例为（5～5.5）万：（1～1.2）万，黄颡鱼 150 尾 / 亩或胡子鲇 20 尾 / 亩，鲢 100 尾 / 亩；罗氏沼虾、鲢与南美白对虾 5 月上旬同期放养，罗氏沼虾规格为 0.8～1 厘米 / 尾，鲢规格为体长 2～3 厘米 / 尾；黄颡鱼于 6 月上旬放养，规格为 30 克 / 尾；胡子鲇于 7 月上旬放养，规格为 400 克 / 尾。

4. 饲料投喂

（1）饲料选择：投喂南美白对虾专用配合饲料，罗氏沼虾和混养鱼类不再单独投喂。

（2）投饲方法：仔虾时期在池周 0.3～0.5 米深处投饲，虾生长中期在 0.5～1 米深处投饲；投喂原则为勤投少喂，经常检查观察饵料台的摄食情况，及时调整饵料投喂量；投饵量以 1～2 小时吃完为准；日投喂次数为 3～5 次，傍晚后和清晨多喂，烈日条件下少喂；养殖中后期每天投饲 4 次，夜间投饲总量占日粮的 50% 以上。

5. 水质调控

（1）肥水。养殖前期使用尿素和过磷酸钙肥水，调水色成由绿藻或硅藻所形成的黄绿色或黄褐色。

（2）增氧。对水体增氧，使池塘溶解氧含量保持在 5 毫克／升以上。

（3）注水。根据水质变化，适时适量、少量多次换注新水，并适当提高水位，使水位保持在 1.5～2 米；夏季 6～8 月，根据天气情况，及时注水，每次注水深度为 5 厘米，上下层水温保持在 32℃以内。

（4）微生物制剂的使用。养殖全程使用微生物制剂调控水质，维持菌藻平衡，稳定池塘水色。

（5）病害防治。定期施用氯制剂、碘制剂类药物对池水消毒；坚持每天巡塘，及时清除塘中敌害生物，一旦发现病虾、死虾，及时捞出，并进行无害化处理，并查明病、死原因，对症用药；分批出虾，在部分虾达商品规格时，定期捕获商品虾上市，降低养殖密度，减轻病害的发生。

6. 捕捞上市

从 8 月中旬起开始捕捞已达上市规格的南美白对虾，使用地笼采用捕大留小的方法分批上市；从 9 月开始挑捕已达上市规格的罗氏沼虾，使用地笼采用捕大留小的方法分批上市；10 月下旬，所有南美白对虾和罗氏沼虾全部捕捞上市；12 月中旬，拉网干塘销售所有混养鱼类。

适用范围

华东地区，长江中下游地区。

标准化南美白对虾混养养殖塘

技术来源：中国科学院南京地理与湖泊研究所

以饵料结构合理配置为基础的
河蟹生态养殖技术

技术目标

合理饵料配置不仅可以保障河蟹成活率和生长速率，而且可以加速河蟹成蟹养殖生殖蜕壳后性腺发育，提高饱满度和提早上市时间，同时肝胰腺和卵巢色泽也较好，鲜味物质丰富。

技术要点

1. 饵料种类

植物性饵料：小麦、玉米、豆饼、各种水草等；动物性饲料：小杂鱼、螺蛳、河蚌等。

配合饲料：按照河蟹生长营养需要，应符合 GB 13078《饲料卫生标准》和 NY 5072《无公害食品 渔用配合饲料安全限量》的规定。蛋白含量在 32%～38%。

2. 投喂方法

定时：每天傍晚进行。定质：精、粗相结合，必要时投配合饵料且应在保质期内，严禁投霉变饲料。定量：每 20～30 天观察、测量一次螃蟹的生长情况，并据观察、测量结果调整投饵量（表）。定位：沿浅水区定点设投饵点。

表 不同养殖时期饲料投喂

时期	饵料种类	投喂量
第一次蜕壳前	冰鲜鱼为主的动物性饲料	占蟹存池总重1%～3%（根据吃食情况灵活掌握）
第一次蜕壳后	配合饲料（蛋白含量在38%左右）	占蟹存池总重5%～8%（根据吃食情况灵活掌握）
7—8月	配合饲料（蛋白含量在32%左右）	占蟹存池总重5%～8%（根据吃食情况灵活掌握）
9月	配合饲料（蛋白含量在38%左右）、冰鲜鱼等动物性饲料各占1/2。	占蟹存池总重8%～10%（根据吃食情况灵活掌握）
10月之后	配合饲料（蛋白含量在38%左右）、冰鲜鱼等动物性饲料、玉米等植物性饲料各占1/3。	占蟹存池总重10%（根据吃食情况灵活掌握）

3. 投喂时间

看天气：天晴多投，阴雨天少投。看摄食

活动：发现过夜剩余饵料应减少投饵量，蜕壳前应增加投饵量，蜕壳期间减少投饵量。看季节：6 月底前动植物性饵料比为 60：40；7—8 月为 40：60；9—10 月为 65：35。看水质：透明度 30—50 厘米时为较优水质，可适量多投饵，小于 30 厘米时应少投。

适用范围

长江中下游地区。

技术来源：中国科学院南京地理与湖泊研究所、南京市高淳区农业农村局

池塘养殖环境的藻类原位调控技术

技术目标

浮游藻类是初级生产者，属于水生食物链的关键环节，能释放氧气和吸收水体中的氮、磷等营养盐，并能在改善水质的同时，提供优质饵料资源弥补饲料中缺乏的某些营养素。某些有害藻类，如微囊藻等，不能被鱼类等水生生物利用，其异常增殖给水生经济动物生长带来了严重危害。因此，实现在促进有益藻类生长繁殖的同时又抑制有害藻类的生长繁殖，从而达到利用藻类调节改善养殖生态环境，将大大提高水体初级生产力。

技术要点

技术要点包括藻种选取、添加时间、添加量等。

（1）藻类主要是小球藻和栅藻为主。

（2）添加时间一般是前20天每10天加藻1次，之后每20天加藻1次。

（3）具体情况应根据水体透明度情况适时调整，以控制水体透明度变化在35～40厘米为宜。

（4）添加量根据使用的藻类母液浓度、池塘水深、鱼类品种确定，以浓度为 $10×10^7$ 个 / 毫升的小球藻母液为例，水深为 1.5 米的罗非鱼养殖池塘的每次添加量为 2.5～3 升 / 亩。

适用范围

该技术适合全国各地，最适宜在藻类生长季节长的地区推广，如广东、广西、海南、云南、福建等省区。并已在江苏、浙江、安徽等地得到广泛推广应用，累计推广面积达 3 万余亩。以罗非鱼池塘中添加小球藻的推广应用为例，池塘亩产量可提高 15%～20%，浮游植物种类丰度提高，蓝藻占比降低，绿藻占比升高，水质综合营养状态指数降低，水质明显改善。

注意事项

藻类在夜晚的呼吸耗氧作用随添加量的增加而加大，藻类添加量过大会竞争水体中的溶解氧。在实际推广应用中，藻类添加量应根据使用的藻类母液浓度、池塘水深、鱼类品种确定。

技术来源：中国水产科学研究院淡水渔业研究中心

池塘鱼—菜／药复合种养技术

技术目标

池塘集约化养殖面临自身环境恶化，病害频发，药物滥用和水产品品质下降等问题，池塘尾水排放增加而影响外界环境。为降低水产养殖对内外环境的污染负荷、保持养殖水域生态平衡、保障提质增效和可持续发展，开发此技术。现农业农村部[①]已将国家水产行业标准（SC/T 9101-2007）《淡水池塘养殖水排放要求》修订为《淡水池塘养殖尾水排放要求》，此技术可在净化区示范推广。

技术要点

池塘鱼—菜／药复合种养技术主要包括生物浮床制作和水上经济作物的选取。

（1）生物浮床的制作：使用 PVC 管和与之相配套的弯头作为制作生物浮床的框架材料（亦可使用竹竿）；PVC 管直径 50 毫米左右，质量根据

---

① 中华人民共和国农业农村部，全书简称农业农村部。

需要自行选择。制作生物浮床的网具有上层固定植物的粗网和下层保护植物根部的细网两种规格，材料为尼龙网等。粗网孔径为2厘米×2厘米左右，细网孔径为2毫米×2毫米左右。另准备粗细尼龙绳若干。生物浮床的形状为长方形或正方形，框架大小面积可根据需要制作，如2平方米、4平方米、6平方米等。根据框架大小，上层网直接拉紧用尼龙绳固定在框架上；下层网根据框架大小用细尼龙绳先缝成网箱，深20厘米左右，再四周用较粗的尼龙绳固定在框架上，便于当年用完后拆下洗净来年再用。

（2）菜/药等经济作物栽培：选择适合在水中生长、根系发达的菜/药经济作物，如空心菜、水芹、薄荷、鱼腥草、虎杖、水龙、薏苡等。当以空心菜为水上农业浮床栽培作物时，适宜植株间距为30厘米×20厘米；每孔扦插植株（空心菜菜秧去叶，剪成10厘米左右且带一腋芽或顶芽的小段）3～5株，并保证每个植株有1～2厘米与水体接触。

适用范围

只要水生作物选取合理，全国各地均可应用。该技术最适宜在经济作物生长季节长的地区推广，如广东、广西、海南、福建等省区。

注意事项

植物夜晚呼吸耗氧，覆盖率过大会导致溶解氧降低。推广应用适宜种植面积应根据经济作物和养殖品种确定，如罗非鱼养殖池塘空心菜栽种面积占比 10% 左右为宜。

池塘鱼—菜/药复合种养技术（空心菜）

池塘鱼—菜／药复合种养技术（薄荷）

技术来源：中国水产科学研究院淡水渔业研
究中心

循环水池塘养殖技术

技术目标

以草鱼和鲫为主要养殖品种，搭配养殖鲢。通过结合水循环净化、鱼菜共生、人工湿地以及混合菌剂，实现鱼塘绿色健康养殖。

技术要点

（1）选用一大一小两个池塘。大塘功能为养鱼，小塘功能为净化水质兼养少量鱼。大塘面积和小塘面积比例小于9。同时采用芦苇或者黑麦草建设人工湿地。人工湿地应高于小塘且土质疏松。

（2）大塘内草鱼和鲫占80%～85%，搭配20%～15%的鲢。选用健康重量100克左右的鱼苗。在水深2.5米左右情况下，每年分3—7月，7—11月两季养殖。每亩最大年产量可以达到6 000～8 000斤。

（3）小塘中可适当养殖一定数量的鲢。小塘水面上种植空心菜或者生菜，面积为小塘面积10%～20%。大塘也可按此比例种植蔬菜。

（4）每隔1个月，用泵将小塘中30%的水体直接打入大塘。之后，大塘的水先经过人工湿地过滤之后自然下渗并进入小塘，将小塘水位恢复到原有水平。

适用范围

适用于西南地区小型鱼塘。

注意事项

日常注意观察，采用增氧机保障水中氧气供给，避免鱼浮头现象。大塘和小塘每年开春采用石灰清塘。放养鱼苗须采用高锰酸钾消毒。配合采用鱼药控制鱼病；大小塘均可采用商品化的光合细菌以及芽孢杆菌净化水质。

小塘及人工湿地

小池塘边的芦苇湿地

小池塘内搭建空心菜浮床

技术来源：中国科学院重庆绿色智能技术研究院

水生蔬菜塘尾水异位处理 与循环利用技术

技术目标

通过利用兼具养殖废水处理和蔬菜生产功能的水生蔬菜生态塘，将养殖废水中多余氮磷营养物质通过蔬菜吸收转化，降低养殖废水排放的同时实现水生蔬菜周年供应和资源再生。

技术要点

1. 水生蔬菜塘构建

水生蔬菜塘包括进水沟、蔬菜种植区、出水沟。进水沟内设置有进水管，蔬菜种植区前端和后端设置卵石滤层，蔬菜种植区底部设有 PVC 多孔收水管和总收水管，多孔收水管与总收水管一端连通，多孔收水管内设置微孔曝气管，微孔曝气管一端可连通鼓风机进行曝气。蔬菜种植区内设置有若干浮床，浮床框体由楠竹作为框架，床体为与框体大小一致的聚乙烯扣节网片。蔬菜种植区另一侧设置有出水沟，出水沟内设置溢流管，溢流管与总收水管的另一端连通。

2. 养殖及配套设施

（1）池塘长方形，东西走向，长宽比以 5：3 为宜，面积视鱼苗池、鱼种池、成鱼池，以及虾、蟹养殖池而定，水深 1.5～2.5 米。池塘底部平坦，无渗漏，保水性好。

（2）根据养殖池塘面积配备增氧机或微孔增氧系统以及自动投饵机。

3. 运行管理技术

（1）池塘养殖废水通过进水管再进入进水沟，经楔形配水槽将水分布流入种植区前端的卵石滤层进行过滤，再进入蔬菜种植区。多孔收水管内的微孔曝气管可连接鼓风机并对蔬菜种植区底部曝气，蔬菜种植区内的水通过总收水管收集后，经由溢流管后进入出水沟，通过与出水沟连通的地下砼管进入养殖池塘进水沟，再以跌水的方式回流入养殖池塘，从而实现一次养殖废水的处理和循环再生利用。如此反复，完成池塘养殖废水净化和循环利用。

（2）养殖期间定期将养殖废水引入水生蔬菜塘进行处理和回用，定期检测水生蔬菜塘、养殖池塘及水源水质状况，调整系统补水、废水引入量和循环周期，7—9 月可增加循环次数。注意在养殖池塘用药期间水生蔬菜塘停止进排水，待药效过后再使用。

4.水生蔬菜种植与管理

（1）茬口安排：宜选择抗病、优质、丰产的优良地方品种。水生蔬菜种植时扦插到网片网眼上，蔬菜根系穿过网片并浸没水中，茎叶漂浮于水面上。9月下旬至10月上旬栽植水芹种茎，苗间距10～15厘米，翌年1月上旬可进行采收，宜分批采收，可持续采收至4月上旬。采收时，蔬菜切口要稍高于水面，不能让茬口低于水面，否则影响蔬菜再次生长。4月下旬栽植蕹菜种茎，苗间距10～15厘米，5月下旬可进行采收，宜分批采收，可持续采收至9月下旬。10月下旬清理枯死蕹菜，待水芹菜再生，翌年1月可开始进行采收。4月下旬清理老化水芹茎叶，再栽植蕹菜种茎，5月下旬可进行采收。由此，由水芹菜、空心菜组成的植物配置组合可形成周年蔬菜供应。

（2）水肥管理：种植过程中不施加任何肥料。

（3）病虫害防治：病虫害发生较轻，主要采用物理防治法，杂草主要采用人工清除。

适用范围

适合长江中下游地区富营养化严重的大中型养殖场用于池塘养殖废水处理与循环利用。

薏苡种植净化养殖尾水

技术来源：中国水产科学研究院长江水产研究所

尾水水上稻作塘异位处理与循环利用技术

技术目标

利用兼具养殖废水处理和水稻生产功能的水上稻作塘,将养殖废水中多余氮磷营养物质通过水稻吸收转化,降低养殖废水排放的同时实现水稻生产和资源再生。

技术要点

1. 水上稻作塘构建

(1)水上稻作塘系统包括集水井、进水池、种植池、收水池和修饰塘。

(2)集水井:集水井内设置有横向空心砖墙和纵向空心砖墙,集水井进水口与养殖池塘连通,出水口与种植池连通,夹层空心砖墙内设置有卵石。

(3)进水池:进水池内设置有与集水井连通的进水管,进水池与种植池之间设置有溢流墙,溢流墙的顶端设置有楔形配水槽。

(4)种植池:种植池的底部设置有轻质陶粒

基质，基质内埋设有多孔收水管，多孔收水管与总收水管连通，多孔收水管内设置有纳米微孔曝气管，纳米微孔曝气管与鼓风机连通，种植池的水面设置有陶粒浮板，陶粒浮板内设置有栽培孔，栽培孔内设置有定植篮。

（5）收水池：收水池中设置溢流管，溢流管与总收水管连通，收水池与修饰塘连通。

（6）修饰塘：修饰塘的底部及四侧自下至上设置有植绒土工膜砂垫层和植草砼块层。

2. 养殖及配套设施

（1）池塘长方形，东西走向，长宽比以 5∶3 为宜，面积视鱼苗池、鱼种池、成鱼池及虾、蟹养殖池而定，水深 1.5～2.5 米。池塘底部平坦，无渗漏，保水性好。

（2）根据养殖池塘面积配备增氧机或微孔增氧系统以及自动投饵机。

3. 系统运行管理

（1）将池塘养殖废水通过涵管经暗渠排入集水井中，以进行粗过滤和沉降。

（2）经粗过滤和沉降的废水通过进水提升泵提升，经管道流入进水池和种植池。

（3）种植池中反复净化的废水通过总收水管与溢流管连接流入收水池，然后经收水池一侧暗管流入修饰塘。

（4）向修饰塘添加硅藻藻种和硅藻促生剂，利用未被种植池降解的营养物质进行硅藻培育，提升修饰塘中水体溶氧。

（5）处理过后的水体由修饰塘的出水口，通过与出水口连通的地下砼管回流入养殖池塘进水沟，再以跌水的方式回流入养殖池塘回用，从而实现一次养殖废水的再生利用。

（6）如此反复，完成池塘养殖废水净化回用过程。

（7）养殖期间定期将养殖废水引入水上稻作塘进行处理和回用，定期检测水上稻作塘、养殖池塘及水源水质状况，调整系统补水、废水引入量和循环周期，7—9月可增加循环次数。注意在养殖池塘用药期间水上稻作塘停止进排水，待药效过后再使用。

4. 水稻种植与管理

（1）品种选择：选择生长期能够覆盖养殖生物主要养殖期、矮梗、高质高产的品种，并按常规方法进行育秧。

（2）移栽：在秧龄30～35天时，采用人工进行移栽，移栽密度约9穴/平方米，由于养殖废水营养相对水稻生长所需水平较低，移栽时需相对常规稻田增加每穴苗数。每个定植篮2～3株秧苗，用陶粒固定秧苗植株。

（3）水肥管理：由于种植池没有土壤基质，且养殖水体氮磷元素较为充足，而钾比较缺乏，因此不宜按照稻田种植的施肥方式。总体按照氮∶磷∶钾=1∶0.5∶1.2的比例进行施肥，另外根据养殖废水中氮磷比例，可适当调整添加的配比和剂量。施加基肥后，种植池停止进排水，仅开启曝气装置，保持3～5天至水稻返青。水稻够苗后，为抑制无效分蘖，将种植池排空晒田，晒田程度与传统水稻种植一致，晒田完成后种植池开始进排水。

（4）水稻收割：水稻收割前一周，种植池排空，采用人工收割。

（5）病虫害防治：种植池水稻病害相对传统稻田较少，其防治方法与传统方法种植水稻一致，且种植池在喷洒农药后应保持3～5天停止进排水，杂草主要采用人工清除。

适用范围

适合长江中下游地区富营养化严重的大中型养殖场用于池塘养殖废水处理与循环利用。

水上稻作塘

水上稻作塘旁的进排水装置

技术来源：中国水产科学研究院长江水产研
　　　　究所

对虾精养池塘水环境综合控制技术

技术目标

在对虾精养池塘养殖过程中，综合利用物理、化学和生物方法控制水环境，使水质指标满足以下条件：pH 值 7.6～8.5，溶氧大于 7 毫克 / 升，氨氮含量低于 0.2 毫克 / 升，亚硝酸盐含量低于 0.1 毫克 / 升，硫化氢含量低于 0.2 毫克 / 升，从而改善对虾养殖的水环境，提高对虾养殖成活率，增加养殖户的收入。该技术简单易操作，普通养殖户可迅速掌握。

技术要点

1. 源水处理

养殖用水经沉淀、过滤后引入养殖池，沉淀和过滤可有效去除水中的小粒径块状物，粒状悬浮物和胶体物质。

2. 养殖用水原位处理

在精养殖池塘中，通过精确投饵、换水与排污、定期使用生物制剂与化学试剂等技术，控制水环境。

（1）定期使用生物制剂与化学试剂：根据水质变化情况，定期使用芽孢杆菌、复合光合菌、乳酸菌、蛭弧菌等生物制剂，控制水质指标在正常范围内；结合使用生石灰、白云石粉、漂白粉等化学试剂，氧化过多的有机质，杀灭有害微生物。

（2）精确投饵：使用高质量饵料，根据对虾摄食情况精确投饵，降低饵料系数，避免过多残饵败坏水质。

（3）日常换水与排污：为了保持池塘良好水环境，需每天将池塘底部的死虾、虾壳，以及饲料残渣和粪便等排出，避免其滋生细菌败坏水质。同时，根据水质变化情况添换新水，一般养殖前期换水量在5～10厘米，养殖中后期换水量可达10～20厘米。

3. 养殖用水异位处理

将精养殖池塘中的水抽出，采用微滤机、砂滤罐、生物处理器、紫外线仪等仪器设备进行处理后，导入原养殖池塘，达到控制水环境的目的。

（1）微滤机：用于滤除水中的大颗粒泥沙、悬浮藻类、颗粒等。

（2）砂滤罐：内含石英砂或者活性炭，进一步滤除水体中颗粒、其他杂质及有机物。

（3）生物处理器：利用光合细菌，EM 菌等有益微生物对水体中过剩有机物进行分解。

（4）紫外线仪：将经过异位处理的水通过紫外线仪，杀灭水中有害微生物后，抽回精养池塘。

适用范围

适合电力供应充足及近水源的对虾养殖场。

注意事项

根据实际情况，生物制剂与化学试剂交叉使用，防止化学试剂对有益微生物含量的影响。仪器设备的配备、生物制剂及化学试剂的用量根据厂家要求或说明书使用。

精养虾塘

精养虾塘养殖用水异位处理

技术来源：广东海洋大学

养殖尾水氮磷去除新材料及回用技术

技术目标

养殖过程中由于大量投加饵料以及排泄物可造成水体氮磷浓度增高，直接外排会产生水体富营养化等二次污染问题。因此，需对养殖尾水进行必要的处理和净化。本技术主要采用天然、易获得的黏土为材料，通过材料的制备、组配，水流的控制，实现对养殖尾水氮磷的去除与净化，吸附饱和后的材料可直接用于大田作为的土壤改良剂及肥料，整个过程实现了营养盐的循环利用。

技术要点

1. 材料制备

本技术应用的除磷材料为富钙凹凸棒石，材料粒径 0.5～3 毫米，其中含白云石 30%～50%，将该材料于 500～700℃ 热活化 1～2 小时。除氨氮材料为斜发沸石，将获得的 1～2 毫米粒径的沸石置于 20 克/升的氯化钠溶液浸泡 2 小时以上，用自然水洗涤 2～3 次，自然晾干即可（如氨氮浓度小于 20 毫克/升，也可用原状斜发沸石）。

2. 材料组培与安装

将两种上述制备的材料分别置于 A 和 B 两个容器中（建议单个容器方量 2～3 立方米），容器的大小可根据实际需要进行调整，两个容器中间可安装流量与流速控制阀（也可手工控制）。将养殖尾水泵吸入上述容器中，至少保持水力停留时间为 4 个小时以上，开出水阀，如此循环使用。

3. 材料饱和更换与使用

上述材料经过一定时间使用，可取适量材料进行检测，如除磷材料总磷含量在 4 毫克 / 克，除氮材料在 5 毫克 / 克，建议进行更换，将饱和材料直接播撒于旱地（玉米或小麦）供土壤改良或土壤增肥使用。

特征特性

本技术使用的氮、磷材料具有地域性，其中凹凸棒石黏土主要产于我国江苏省、甘肃省临泽县等地，对凹凸棒石的白云石含量具有一定的要求，应选择中低品位的凹凸棒石为除磷改性材料，斜发沸石我国分布广泛，产地对除氮效果有一定影响，但在可控范围之内。

适用范围

适宜于水体磷酸根含量在 10 毫克 / 升以上，氨氮含量在 20 毫克 / 升的养殖尾水。

技术来源：中国科学院南京地理与湖泊研究所

一种蟹塘伊乐藻的管理技术

技术目标

水草管理失当往往影响到河蟹的规格、品质以及养殖效益。伊乐藻是蟹塘栽种的主要水草之一，耐低温，但高温季节往往脱根上浮，甚至腐烂，不仅不能为河蟹提供脱壳隐蔽之所，还败坏水质，从而对河蟹产量和品质造成恶劣影响。本技术有助于伊乐藻顺利过夏。

技术要点

（1）清塘及整个养殖期内忌用菊酯、敌百虫等农药，以免河蟹不适，损伤水草。

（2）清塘后翻耕，有助于水草生长。

（3）3—5月水草长至40厘米高时分批割草，每次割草范围不超过水草覆盖面积的1/3，被割水草恢复活力后割第二批，依次类推。割草持续到5月中下旬。这样操作可保持水草活力。

（4）4月中下旬起将割下的部分草头栽种于原草堆旁，栽种作业可持续到6月初。新种的水草是过夏的主力。

（5）6月以后伊乐藻生长速度减慢，管理重点是将茂密区域的水草拉稀疏，给新草生长留出空间。

（6）割草要及时，避免水草长出水面，最好控制在水面下 10～20 厘米。

适用范围

本技术劳动强度较大，适用于小精高蟹塘。

注意事项

（1）割草前水草活力一定要强，草根扎根结实，白根多，否则可能加速水草脱根。

（2）水位要高，尤其夏季，板田水位控制在 1 米左右。

（3）伊乐藻高度尽量不要超过 60 厘米。

技术来源：苏州大学

蟹塘杂鱼杂虾控制技术

技术目标

蟹塘小龙虾、野杂鱼往往导致河蟹产量下降，规格较小，饲料系数升高。本技术可降低蟹塘小龙虾、野杂鱼的数量。

技术要点

（1）晒塘后翻耕池底。

（2）一般在2月底前栽种伊乐草，行距3米左右，株距1米左右。

（3）伊乐藻长至30～40厘米时，逐步将原草收割或拔出后就近重新栽种。

（4）收割或拔出后重种的速度以1个月内全部重种一遍为宜。

（5）不要连片整草，使活力旺盛（未整或已恢复活力）的水草在全池均匀分布。

适用范围

面积较小、人工充足的小精高蟹塘。

注意事项

（1）本技术原理：3—5月小龙虾、野杂鱼的受精卵逐渐孵化出来，鱼虾小苗都以微藻为开口饵料。这阶段保持水草生长旺盛，就能抑制微藻生长（水质清澈），从而"饿死"鱼虾小苗。所有技术措施的目的是要保持水质清澈，背离这一目标就达不到预期效果。

（2）由于水草茂密，pH值也会偏高。为了防止pH值胁迫，宜提高水位，控制水草高度，并在水草长势太旺时拉掉部分水草。

茂盛的水草抑制了微藻生长，杂鱼杂虾幼苗
就不能获得开口饵料

技术来源：苏州大学

鱼类暴发性死亡防控技术

技术目标

鱼类快速生长的阶段往往也是暴发性死亡猛增的季节，给广大水产养殖者带来巨大经济损失，死鱼也对养殖水域甚至空气造成一定的污染。本技术有助于减少暴发性死鱼事件，降低养殖风险，同时减少死鱼对水土及空气质量的影响。

技术要点

1. 防控时间

采食量猛增时节，常见于以下情形。

（1）春季水温回升到 15 ℃以上时。

（2）前期连续阴雨，溶氧较低，之后天气持续晴好。

（3）因施用药物、有外源除草剂流入等原因引起鱼类采食量下降，之后采食量代偿性增加。

2. 防控方案

（1）采食量猛增时需控制投饲量的增长幅度，保持 8 分饱，或 1 周停饲 1～2 顿。

（2）增加配合饲料中动物性原料使用比例，

或选用动物性原料使用比例较高的配合饲料，对肉食性养殖品种在条件允许时可直接投喂动物性饲料。

（3）饲料中增加胆碱、肉碱、胆固醇、牛磺酸等物质含量。

（4）可将饲料发酵处理后投喂。

（5）经常打样，解剖观察，如果发现肝呈绿色（图）、胆囊肿大这类症状，立即减量投喂，并采取方案（2）、（3）和（4）。

适用范围

本技术也可用于出血病、肠炎的预防。

本技术适用于所有摄食人工饲料的水产养殖动物，但仅适用于防控非病源生物诱导的暴发性死鱼，对于由病源生物（细菌、病毒等）引起的暴发性病害作用有限。

注意事项

打样观察宜在空腹时进行，即投饲之前。

控制投饲量会影响鱼的生长速度。养殖户需根据具体情况权衡。

局部绿肝

黄颡鱼正常肝　　　黄颡鱼绿肝　　　黄颡鱼局部绿肝

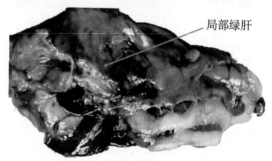
局部绿肝

草鱼局部绿肝

技术来源：苏州大学

鱼类肝胆综合征防控技术

技术目标

鱼类肝胆综合征以肝胆肿大、肝脏脂肪变性和变色为典型症状，易并发感染肠炎、烂鳃、细菌性败血症等病害，严重时死亡率可高达50%～90%。患有此病的鱼运输、暂养时存活率低，肉质疏松，从而影响销售和食用。该病流行季节长、受累品种多。本技术旨在防控鱼类肝胆综合征及由此带来的危害。

技术要点

（1）打样并解剖观察，如果肝脏呈腊样（左上图），提示已进入肝胆综合征后期，肝脏严重脂肪变性，应立即停饲，次日胆汁酸拌饲，胆汁酸剂量参考厂家说明，就低不就高。持续控制投饲量直至脂肪肝情况好转。

（2）打样并解剖观察，如果肝脏色泽不均匀（俗称花肝，见109页图），应阶段性用胆汁酸拌饲，剂量和用法参考厂家说明，就低不就高。

（3）打样并解剖观察，如果肝脏明显脂肪变性但有绿肝现象（右图），应减量投饲，或周期性停饲。

（4）无论肝胆综合征处于什么阶段，提高配合饲料中动物性原料比例均有效。对肉食性鱼类，可阶段性投喂动物性饲料，如杂鱼、螺蛳、动物内脏等。

（5）饲料中添加胆固醇、牛磺酸、肉碱、胆碱对肝胆综合征防控具有辅助作用。

（6）发酵饲料有助于减缓肝胆综合征的发展进程。

适用范围

本技术适用于摄食人工饲料的鱼类、爬行类、两栖类等。

注意事项

解剖发现绿肝现象明显时不能使用胆汁酸。

脂肪肝

草鱼脂肪肝

花肝

草鱼花肝

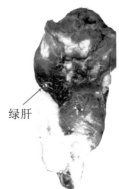

绿肝

草鱼绿肝

技术来源：苏州大学

第三节　新模式

365 科学养殖模式

技术目标

　　365 科学养殖模式是集成多种技术优势的先进养殖模式，通过科学选择和放养主养鱼、调水鱼和调底鱼，合理应用精准组合投喂、均衡增氧、藻菌调控、防疫体系、"一"技术和底排污六大关键技术，全面提高养殖产量及鱼类品质，全程全池饲料系数可降低 0.1 以上，综合经济效益提高 50% 以上。

技术要点

　　1.3 种鱼类合理搭配混养

　　以主养鱼获得增值，以调水鱼改善水质，以调底鱼改良底质。

　　根据地域特性、养殖习惯，选择池塘养殖的 3 类优良品种鱼，规划各类鱼的放养时间、顺序、规格、尾数和重量密度，掌控养殖期各类鱼的出塘时间、规格和比例等。养殖周期结束后，根据养殖成效、行情及鱼价波动，规划下一周期 3 类

通威365模式 养殖增效50%

365之3
3种鱼类合理搭配混养

主养鱼　草鱼　鲫鱼　生鱼　大口鲶

调水鱼　鲢鱼　鳙鱼　匙吻鲟　胭脂鱼

调底鱼　虾　鲴鱼　鲮鱼　黄颡鱼

365之6
6大关键技术

技术一：精准组合投喂

技术二：均衡增氧

技术三：藻菌调控

技术四：鱼病防控

技术五："——"技术

技术六：底排污

365之5

365科学养殖模式

鱼的放养和养殖。

2. 六大关键养殖技术

技术一：精准组合投喂

根据养殖鱼类的营养需求和养殖情况选择合适的高性价比饲料，如通威健康饲料，并选择合适的饲料粒径。

组合投喂：在1年的养殖周期中，根据鱼类不同的生长阶段选择饲料投喂组合。比如大口鲇喂养前期饲料占总量的35%，后期饲料占65%；北方鲤鱼的"3070"模式；华东鲫鱼"12530"模式；华南地区则采用膨化料和颗粒料并存的"1+1"投喂模式。

确定投饲区域、投饲设备、投饲时间、投饲次数及不同养殖期的投饲率，做到鱼吃多少就投多少。以华东草鱼与鲫鱼混养中投饲区域为例，由于各自营养需求不一样，且草鱼易生病，故采用分区域投喂，一个点投喂适合草鱼的较大规格草鱼料，而另一个点投喂适合鲫鱼的较小规格专用鲫鱼料。此方法可通过1周时间的诱食来养成鱼的分区采食习惯。

技术二：均衡增氧

氧气是鱼生存的必要条件，当溶氧低于3毫克/升时，鱼的饵料系数会成倍上升，而大多数池塘投饵区溶氧低于 2.5 毫克／升。因此，提高投饵区溶氧至关重要。均衡增氧，通威率先研究推广投饵区微孔增氧技术，并提供从增氧机品种选择、数量配备、在池塘中的摆放位置，到开关技巧、高佳性价比溶氧控制点等一系列设备和技术，为养殖水体提供充足的溶解氧，保证鱼类快速生长，让鱼"赢氧每一天"。

技术三：藻菌调控

通威终端服务人员对池塘水质进行检测，科学利用通威光合细菌、乳酸菌、通威藻种以及饲料伴侣系列等产品，对池塘水体中的藻类和有益微生物进行调控，大幅度降低水体有毒有害物质，维持池塘水体生态系统良性运转，提高水体生产力。

技术四：鱼病防御

利用通威动物保健快速诊断技术、药敏实验室、通威科技箱和三新药业动保产品，通威研究院的几十位顶级渔病专家，通过遍布全国的通威准军事化服务中心、养殖技术推广站和网上医院，为养殖户构建完善的鱼病防御体系。

技术五："一"技术

抓住几个重要月份，在养殖关键期提高鱼类成活率及健康状态。开春前"一技术"，要调好水，用好料；入冬前"一技术"，提高免疫力，养好一根肠，提高越冬能力；卖鱼前"一技术"，休药一个月，投喂高品质饲料，加强水质调控，提高肉产品质量。

技术六：底排污

通威"底排污自溢系统"专利技术，每5～7天排放2～3分钟池塘水体底部有毒有害物质，为鱼类创造良好生活环境，减少能耗和劳动力。搭配固液分离池、种植水生蔬菜，污水在养殖小区内循环处理，有效防治内源性污染，实现水产养殖生态环保。

适用范围

适用于池塘养殖。

技术来源：通威股份有限公司

品质与水质"双质"
保障河蟹池塘生态健康养殖模式

技术目标

河蟹回捕率≥60%，成蟹亩产 73 千克 / 亩，平均规格 179.5 克 / 只，亩均效益 5 100 元；排放的养殖尾水氨氮≤1.0 毫克 / 升，总磷≤0.2 毫克 / 升，水质达到 Ⅲ 类；成蟹可通过国家有机产品认证并销售。

技术要点

1. 蟹　种

色泽正常、规格整齐、体质健壮、反应敏捷、附肢完整、无病无伤，规格为 100～200 只 / 千克。

2. 养殖环境

养殖水环境符合 GB 11607—1989《渔业水质标准》的要求，水质清新，无污染，pH 值 7.5～8.5，透明度 40～50 厘米，溶氧 5 毫克 / 升以上。

3. 成蟹生态养殖

（1）养蟹条件要求。养蟹区四周挖蟹沟，面积 20 000 平方米以上的要挖"井"字形沟。养殖区四周建防逃设施。

（2）清塘消毒。采用生石灰对水体消毒，用量为150千克/亩。

（3）设置水草。3月开始播种或栽植水草。栽植的水草有苦草、轮叶黑藻、伊乐藻等。栽植的沉水植物可用网片分隔拦围，保护水草萌发。水草移植面积为养殖总面积的50%～60%，苦草、伊乐藻、轮叶黑藻的种植比例以4∶2∶1为宜。

（4）投放活螺蛳。清明节前投放螺蛳100～150千克/亩，养殖过程阶段性投放，总量为300～600千克/亩。

（5）蟹种放养。3月底前放养蟹种，规格100～200只/千克，放养密度800～600只/亩。严禁投放性早熟蟹种。同一养殖区尽量放养同规格、同批次苗种，一次放足。同时套养适量鳜、青虾等。

（6）鱼类套养。于2月初和6月初分两次套养青虾，6月中旬放养河川沙塘鳢，3月初放养鲢、鳙和细鳞斜颌鲴。

（7）饲料种类。①植物性饲料：小麦、玉米、豆饼、各种水草等；②动物性饲料：小杂鱼、螺蛳、河蚌等；③配合饲料：按照河蟹生长营养需要，应符合 GB 13078《饲料卫生标准》和 NY

5072《无公害食品 渔用配合饲料安全限量》的规定。

（8）投饵方法。"四看"投饵，即看天气，看摄食活动，看季节，看水质。"四定"投饵，即定时，定质，定量，定位。

（9）水质调控。在河蟹生长旺季6～9月，每5～10天换水一次，其余两周1次；每2周施泼1次生石灰，定期使用底质改良剂，生态养殖过程中不得使用抗生素和国家规定的其他禁用药品。

（10）捕捞。9月中旬开始捕捞。以地笼、丝网、网簖张捕为主，灯光诱捕和以其他方法捕捉为辅。起捕成蟹分规格、分雌雄，分袋包装。

4. 饲养周期

在符合本标准的养殖环境中连续饲养周期不低于200天。

适用范围

长江中下游地区。

注意事项

1. 适时增氧

每亩配套功率为0.2～0.3千瓦微孔增氧设备，根据水质及天气变化情况，适时开启增氧设施。

高温季节，施用生物制剂，投喂饲料时确保增氧设施处于工作状态，防止水体溶氧消耗过快。

2. 科学投喂饲料

以调控生态环境、充分利用水体资源为中心，辅以动物性饵料、颗粒饲料，伴随着河蟹每次蜕壳后体重的增加，饵料投喂量必须及时增加。具体投饵量应视池塘环境、季节、天气、温度等情况灵活掌握。

3. 生态生物防病

坚持"以防为主、防治结合"的原则，采取

标准化河蟹养殖塘

"以水养草、以草净水"的综合管理措施，坚持生态调控为主，不断优化池塘生态环境，降低病害发生率。

4. 暂养与销售

10月下旬以后，应加强投饵增肥保膘，采取少量多次的方法，以玉米为主，搭配少量颗粒饲料。11月以后，采取市场销售与网络营销相结合的方式，逐步捕捞上市。

技术来源：中国科学院南京地理与湖泊研究所

第四节　新装备、新方案

虾蟹人工穴

装备简介

中华绒螯蟹（河蟹，螃蟹）游泳能力相对较差，喜附着于水生植物或营穴居生活。河蟹通过脱壳实现生长，脱壳时易受攻击而死亡。蟹池常栽种大量水草以供河蟹攀爬和脱壳隐蔽，从而提高存活率。但水草的栽种及管理的劳动强度大，还会因天气、水质、人力不足等原因过早衰败，从而失去应有的功能。本装备可替代水草，满足中华绒螯蟹的攀附、隐蔽的需要。采用本装置养蟹，可避免因水草管理失当而欠收，且有利于水质稳定，还可避免打捞出来的水草对环境的污染，从而提高中华绒螯蟹的健康和品质。

技术要点

1. 材　料

材料为孔径 0.3～1 厘米的塑料网板，聚丙烯、聚乙烯、聚氯乙烯等均可。

2. 形　状

形状可多样，如下图所示。

图 A 穴体高度 25～50 厘米，喇叭口直径 15～18 厘米。可机器定模制作。使用时将多个穴

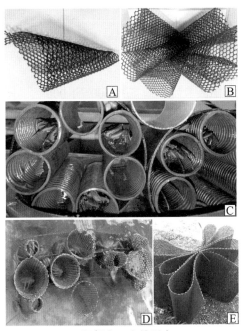

虾蟹人工穴的形态

体捆扎成簇，如图 B、图 D 所示（捆扎方式可不限于图示方式）。

图 C 为管状穴体，直径宜 10～15 厘米，长度 20～40 厘米。使用时多根管子捆扎成簇。

穴体也可制作成如图 E 所示。将塑料网板裁成长方形，宽 0.3～0.7 米、长 3～7 米，扇形折叠后中间加固。穴体大小可随意，但不建议制作宽度超过 1 米，花瓣超过 7 个。1 个花瓣计为一穴。

3. 配置密度

栽有水草的池塘可按 500～1 000 穴 / 亩的数量布设，起辅助作用。无草池塘布设密度宜 2 000 穴 / 亩以上，视放养密度而定。穴体密度越高越好。

适用范围

适用于中华绒螯蟹养殖，也可应用于其他虾蟹养殖，可在水草养护失败后使用。

注意事项

（1）穴体材料的颜色宜选深色。

（2）网板孔径越小越好，但要大于 0.3 厘米，以便河蟹附着。如果使用无孔材料（例如波纹管等），材料表面不要太光滑，便于河蟹攀附。

（3）网板孔目不宜太大，从而使穴内较暗；也可加盖遮挡物以降低穴内光强。

（4）穴体宜安装于池塘底部或接近底部。

（5）采用人工穴养蟹时水位宜高于1.2米，适宜深度1.5～2米，同时需放养足够的鲢鳙、螺蛳来调控水质。

虾蟹人工穴在池塘中的布设方式

技术来源：苏州大学

高效增氧装备

装备简介

本增氧系统可有效地将富氧水往低氧处运送，又将低氧水送到微孔增氧盘处，使增氧效率更高，并可使整个池塘内溶氧均衡，从而达到改善水产养殖动物福利的效果，促进其生长，提高其抗病力，并改善池塘微生态环境。养殖动物生活在具有微水流的环境中，肌肉品质也可得到改善。

技术要点

（1）以苏南地区的标准蟹塘为例，15亩的高密度养殖池塘配备2个1 500瓦左右的增氧泵和2个1 000～1 500瓦的水流驱动设备。

（2）增氧泵连接微孔增氧管，增氧管宜为盘状，设置于池塘两对角，如图所示。

（3）水流驱动装置建议采用浮水泵，放置于增氧盘附近，并链接长度为30米以上的排水管。

适用范围

该装备适用于河蟹、青虾养殖池塘。技术原

理也可应用于其他各类水产养殖池塘。

注意事项

（1）在不扰动底泥的情况下，水管布设位置越接近底部越好。

（2）水流驱动设备可选用潜水泵、水车式增氧机等。使用潜水泵进水口宜接近水面，抽取溶氧高的水。

（3）水流方向控制为逆时针。

（4）安装数量视放养密度、养殖种类而增减。

增氧装备示意图

技术来源：苏州大学

淡水水产养殖系统水质监测
与预测预警方案

方案简介

大范围淡水水产养殖生产中，水质监测与预测预警方案是淡水养殖系统的集约化、自动化、数字化发展的必然趋势，是在成本控制前提下实现高效增产的重要途径，也是提升淡水水产养殖管理水平的具体体现。

技术要点

1. 数据采集

（1）水质指标。通常选择 pH 值、溶解氧和水温作为常规指标，再结合养殖品种特点增添其他指标。

（2）采集方式。通常采用传感器在线监测与人工监测相结合的方式采集水质数据。在大范围天然水体开展水产养殖生产时，可考虑利用无人机遥测或者相关部门提供的水质卫星监测信息，形成"地—空—星"联合监测。

（3）传感器放置。养殖场可根据具体管理目标：入水监控—水体监控—出水监控，水质传感器一般可放置入水口、养殖区和排水口处。水体表层监测一般放置在水面下 0.5 米，底层监测一般距离水底 0.5 米处。可选择浮标式支架或固定支架固定传感器。常规监测频率可设置为 15～60 分钟之间。

2. 数据传输

若养殖区域范围大，传感器数据建议采用移动无线传输方式；若范围较小、数据接收装置距离监测水域较近，可采用有线传输方式。数据通过上述方式可直接传输至系统服务器或数据共享云的数据库中。数据采集及传输装置建议采用太阳能—蓄电池相结合方式供电。

3. 实时评价

传输至服务器的数据，系统通过调用模型库，选择单因子或多因子权重评价方法，对某项水质指标以及水质综合指标进行定量评价，并将该结果以"绿、黄、橙、红、黑"色表征水质优良到极差的程度，即刻反馈给用户及管理员。

4. 预测预警

基于实时监测的水质数据，系统通过调用模型库，针对不同水质指标选择相应的水质神经网络预测模式，对未来 1 小时、3 小时、6 小时等的某项水质指标或水质综合指标进行水质趋势预测，并调用水质评价方法对预测结果进行评估，针对性地发出水质变化趋势预警以及养殖产品生存状态预警，同样以绿色、黄色、橙色、红色、黑色表征水质变化"好转""稳定""轻度恶化""中度恶化""重度恶化"的趋势，以及养殖产品的"理想""良好""一般""较差""恶劣"的生存状态。

5. 智慧管理

用户可以以养殖户、技术员、系统管理员等身份登录手机 App 或电脑程序，实时查看养殖系统的水质现状以及历史变化曲线，接收系统发出的水质预警信息以及相应的应急处置建议，用户一方面可以直接采取相应的人工处置，自动化水平较高的养殖场可通过手机或者电脑 App 进行自动化增氧、加药等处理。

适用范围

本方案适用于现代化水产养殖场以及大范围天然水域的水产养殖区。

注意事项

本方案可视养殖面积、养殖品种、预警目标

以及成本要求等调整系统复杂程度，以建设满足养殖管理需求的方案为根本目的。

技术来源：中国科学院南京地理与湖泊研究所

第四章

滩涂生态养殖新技术

第一节 新品种

罗氏沼虾南太湖 2 号

品种来源

南太湖 2 号是罗氏沼虾新品种，2009 年通过全国水产原种和良种审定委员会审定，品种登记号为 GS-01-001-2009，是以 2002 年从缅甸引进的罗氏沼虾群体后代、1976 年引进的日本群体后代作为基础群体，采用巢式交配方法建立家系，对100 多个家系进行同塘生长测试，以生长速度和成活率为目标选育性状，经连续 4 代选育得到的新品种。

特征特性

罗氏沼虾食性广，病害少，易生存，生长快，营养好，是世界性大型热带淡水虾之一，适温范围为 18～34 ℃，不耐低氧，pH 值要求在7.0～9.0，适宜在淡水或盐度在 3‰ 以内咸淡水中养殖，且要求在连续 90 天水温在 22 ℃ 以上。幼体喜集群生活，有较强的趋光性，成虾有明显的负趋光性。生长对比测试结果显示，南太湖 2 号选育群体平均个体增重比市售苗种提高 36.87%，养殖成活率提高 7.76%。同等条件下，选育群体生长速度快，可提早起捕，生长的同步性较好，商品虾加工虾仁的出肉率也高。

产量表现

江、浙、沪滩涂池塘试验表明：以锅炉增温提早放养苗种，分批起捕销售模式，相对于商品苗种，南太湖 2 号选育苗种出大棚成活率可以达到 60%～80%，比商品苗种提高 10% 以上；首批起捕销售时间提早 5～7 天，平均亩产达 400～450千克，每亩经济效益可达 10 000 元以上。

罗氏沼虾南太湖 2 号

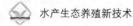

适宜地区

适合水温连续 90 天达 22 ℃以上的地区养殖。要求养殖用水为淡水或盐度在 3‰ 以内的咸淡水。并要求在人工可控制的水体中养殖。

技术来源：浙江省淡水水产研究所

鲫鱼中科 3 号

品种来源

中科 3 号是中国科学院水生生物研究所从筛选出的少数银鲫优良个体经异精雌核发育增殖、多代生长对比养殖试验评价培育出来的异育银鲫第三代新品种，于 2007 年获通过全国水产原种和良种审定委员会审定，品种登记号为 GS01-002-2007。

特征特性

与已推广养殖的高体异育银鲫相比，中科 3 号具有如下特点：①体色银黑，鳞片紧密，不易脱鳞；②生长速度快，出肉率高，比高背鲫生长快 13.7%～34.4%，出肉率高 6% 以上；③遗传性状稳定，子代性状与亲代不分离；④碘泡虫病发病率低，成活率高。

产量表现

中科 3 号既可单养，又可混养。单养每亩放养规格为 50 克 / 尾的冬片鱼种 1 500～2 000 尾，产量为 600～850 千克；混养以草鱼、鳊为主，少量青鱼，不放鲢鳙，每亩放养规格 50～100 克 / 尾的冬片鱼种 150～200 尾，产量为 60～100 千克，其他鱼类产量 700～800 千克。

适宜地区

适宜在全国范围内的各种可控水体内养殖。

鲫鱼中科 3 号

技术来源：浙江省淡水水产研究所

大口黑鲈优鲈 1 号

品种来源

优鲈 1 号养殖新品种是以国内 4 个养殖群体为基础选育种群，采用传统的选育技术与分子生物学技术相结合的育种方法，以生长速度为主要指标，经连续 5 代选育获得的大口黑鲈选育品种。2010 年通过全国水产原种和良种审定委员会审定，品种登记号为 GS01-004-2010。

特征特性

优鲈 1 号的生长速度比普通大口黑鲈快17.8%～25.3%，高背短尾的畸形率由 5.2% 降低到 1.1%。

产量表现

池塘养殖亩产量可高达 2 500 千克以上。

适宜地区

适合在我国淡水水域进行池塘主养或套养，也适合淡水网箱养殖。在人工可控制的水体中养殖。

大口黑鲈优鲈 1 号

技术来源：浙江省淡水水产研究所

第二节　新技术

滩涂养殖源水净化处理技术

技术目标

滩涂养殖水源由于地处河流的末端，水质污染较为严重，严重限制了滩涂养殖业的可持续发展。为改善滩涂养殖源水水环境，减少病害发生，提高养殖效益，通过梯级源水处理系统实现调控养殖水质的目标。

技术要点

（1）设计一条长度大于 500 米，宽度大于 20 米，水深 1.5 米以上的生态沟渠，沿沟渠方向分别设置沉淀池、过滤坝、曝气池、1 号生态池、2 号生态池、3 号生态池。其中 5 个处理池的配比面积相等，约占 20%。

（2）沉淀池中弹性填料区可使用人工生物毛刷作为填料，每 15 厘米悬挂 1 串，弹性填料区占沉淀池面积 50% 左右，沉淀池其他区域可适当放置生态浮床，其上种植铜钱草、狐尾藻等耐低温水生植物。

（3）过滤坝采用空心砖为主体框架结构，底部采用水泥硬化，内径宽1.5米以上，可选用陶粒、火山石和沸石作为过滤材料。

（4）曝气池在距池塘底部30厘米处铺设曝气盘，使用底增氧设备进行充气增氧，并挥发水体中有害物质。

（5）1号生态池放养鲢、鳙，其放养密度均为50尾/亩；2号生态池浅水区种植鸢尾和菖蒲等水生植物，水面上放置生态浮床或浮岛，其上种植铜钱草、狐尾藻等耐低温水生植物，水生植物面积占该生态池50%以上；3号生态池种植青苔、马来眼子菜、苦草等沉水植物。

适用范围

适用于滩涂地区养殖源水水质的净化或内陆源水水质较差的淡水养殖区。

注意事项

（1）过滤材料选用尼龙网袋装置后放入过滤坝中，方便定期清洗。

（2）生物毛刷悬挂方向应与水流方向垂直。

外河水 → 沉淀池 曝气池 生态池1 生态池2 生态池3 → 池塘　池塘

沉淀池中使用人工弹性填料

曝气池使用底增氧设备进行充气

2号生态池种植鸢尾和菖蒲

3号生态池引入青苔等水生植物

过滤坝使用陶粒作为过滤材料

1号生态池放养鲢、鳙各50尾

梯级源水处理系统

生态沟渠

建设中的过滤坝

运行中的过滤坝

源水处理单元

技术来源：浙江省淡水水产研究所

滩涂养殖尾水处理技术

技术目标

滩涂养殖尾水含量大量的氮磷等营养物质，未经处理而直接排放引起周边水体水质恶化，加剧了近岸浅海水域富营养化水平。为了改善滩涂水体水质，美化湾区环境，确保滩涂水产养殖业的生态、绿色、高效发展这一目标，构建了"三池两坝一湿地"尾水处理系统。

技术要点

（1）尾水处理区域配比面积占整个养殖面积的5%～10%，其中虾蟹类不少于养殖水面面积的6%，黄颡鱼、鲌鱼、鲈鱼、乌鳢、泥鳅、龟鳖等高污染品种不少于10%，其他品种不少于8%。

（2）沉淀池：占养殖尾水处理区域面积40%～50%，水深2米以上，池内与水流垂直方向悬挂生物毛刷（每15厘米悬挂1束）。

（3）过滤坝：长度10米以上，内径宽2米，底部采用水泥硬化，主体结构为空心砖堆砌，内部填料建议用多孔质轻的火山石、陶粒等，由下而上填料的直径逐渐减小，但最大直径不得大于10厘米，为方便阻塞清理，填料建议用尼龙网袋装好后填放，网袋网目在保证填料不漏出的前提下尽可能大。

（4）曝气池：占养殖尾水处理区域面积5%～10%左右，在距池塘底部30厘米处铺设纳米曝气盘，使用底增氧设备进行充气增氧，并挥发水体中有害物质。

（5）生态池：一般占养殖尾水处理区面积40%～50%，水深1.5米左右，放养鲢、鳙，其放养密度均为50尾/亩，岸边种植菖蒲、鸢尾等挺水植物，浅水区种植马来眼子菜、苦草等沉水植物，深水区可以放置生态浮床或生态浮岛。

（6）人工湿地：如有条件可将荒地进行利用建设人工湿地，通过沼泽湿地形式净化水质，若建设人工湿地，前面处理环节面积可适当缩小，但要保证总面积配比和沉淀池储水能力。

适用范围

适用于滩涂地区养殖尾水净化处理或内陆淡水养殖区尾水的净化处理。

注意事项

（1）沉淀池不能放养鱼类，以免影响沉淀

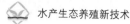

效果。

（2）生态池坡比提高（最大可增至 1∶2.5），以便岸边种植挺水植物和浅水区种植沉水植物。

（3）曝气池必要时池底铺膜土工膜防止底泥上泛，防止堵塞曝气孔。

（4）过滤材料装袋不可太满（六七成满即可），以便填放紧密。

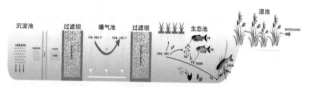

尾水处理原理图

沉淀池　　　　　　过滤坝　　　　　　曝气池

养殖尾水处理单元

技术来源：浙江省淡水水产研究所

对虾养殖病害防控技术

技术目标

在对虾养殖过程中，病原微生物的传入和大量繁殖是虾病发生的重要条件。通过养殖池塘的彻底消毒、病原传播中间宿主的杀灭、养殖水体的生物改良、健康虾苗的选取、虾体免疫增强等技术的综合应用，对对虾养殖病害进行防控。

技术要点

（1）养殖前期池塘准备：彻底清淤整池、暴晒，清除养殖池塘中的污物及异养动物（杂鱼虾），并干池采用生石灰清塘，每亩用生石灰75～150千克，用水乳化后，立即进行均匀全池泼洒，药效7～8天；清塘完毕后，用60目滤网过滤进水，以防止带入野生小龙虾等甲壳动物，并采用漂白粉进行水体消毒，以杀灭水体中的潜在有害微生物；投苗前，采用有机肥进行水体有益藻类的培养。

（2）健康苗种的选取：选取国家级或省级良种场生产的苗种，购进苗种前应要求苗场提供苗种检验报告；也可选取近两年农业农村部公布的对虾病害监测结果阴性的苗种场进行购苗；现场购苗时，应选择规格大、个体均匀、眼柄尾扇展开、肠道直且粗大饱满、逆水性强附壁的苗。

（3）病害的生态防控：通过鱼类捕食病弱虾，切断对虾病原水平传播途径；当虾养至2~3厘米时，根据虾苗投放密度，投放草鱼，30~60尾/亩，每尾1千克以上；并投放鲢鳙控制藻类生长，投放鲢10~20条/亩（1斤左右/条），鳙3~5条/亩（1斤左右/条）。

（4）养殖水体水质调控：合理投饵，控制水体富营养化，防止藻类老化倒藻，降低环境胁迫。定期进行维生素C和葡萄糖酸钙抗应激，使用沸石粉15~25克/立方水体进行水质改良，再按10~15千克/亩的生石灰化水后泼洒进行水质净化；当藻类少时，施加氨基酸肥进行培藻，并添加芽孢杆菌、乳酸菌等有益微生物。

（5）养殖虾的免疫增强：定期在投喂的饲料中添加多糖类（黄芪多糖、海藻多糖）或寡糖类（果寡糖）免疫增强剂，提高虾体抗病力；定期在饲料中拌入乳酸菌，改善虾的肠道菌群，抑制有害菌生长。

（6）天气变化应激的提前预防：根据天气预

报，在天气突变的前四天用芽孢杆菌发酵饲料投喂，改善肠道；前三天进行水体消毒和底质改良；前两天进行有机质培水和施加有益微生物培养水体有益菌群；使新生藻类和益生菌大量繁生，养殖水体达到平衡，产生抗胁迫能力，降低因天气突变造成的虾病发生。

对虾养殖塘口

适用范围

主要适用于对虾池塘养殖的病害防控。

注意事项

（1）阴雨天和用药期间，应时刻关注水体溶氧变化；

（2）出现突发性疾病时，应及时报告当地水产技术推广部门。

技术来源：浙江省淡水水产研究所

第三节　新模式

南美白对虾—罗氏沼虾混养模式

技术目标

利用南美白对虾和罗氏沼虾在水中分布规律和生长速度差异，采用混养方式，可以充分利用水体空间，降低养殖成本，增加养殖效益。

技术要点

（1）清塘消毒：进行池塘清整，清除池塘里的杂草，修整池坡，排干池水，暴晒3～4周时间。采用生石灰对池塘进行全池泼洒，生石灰使用量为75～100千克/亩，杀灭池塘中的病原体和敌害生物。

（2）肥水：注入新水约0.8厘米，投喂茶籽饼清除池塘中的野杂鱼和螺类。施加经腐熟发酵的有机肥100～200千克/亩，适当调节肥水宝等肥水剂。培养约7天时间，使水色呈黄绿色或黄褐色。

（3）虾苗投放：肥水后7～14天投放南美白对虾虾苗，规格为0.8厘米左右，南美白对虾虾苗投放密度为 3 万～5 万尾 / 亩。南美白对虾放苗后 7～14 天，投放罗氏沼虾虾苗，规格为 1 厘米左右，罗氏沼虾虾苗投放密度约 1 万尾 / 亩。

（4）养殖管理：采用零排水养殖模式，整个养殖过程中不排水，每周根据蒸发水量补水，补水量每次不超过 10 厘米，采用南美白对虾人工配合饲料，每天投喂 2～3 次，前期日投喂量约为对虾体重的 8%～10%，后期根据对虾饱胃率、料台吃食情况及时调整投喂量。定期对水环境主要因子进行检测，遇到阴雨天和连续高温等不良天气情况，在饲料中拌入维生素 C 等药物以减免虾类应激。

（5）收获：根据南美白对虾和罗氏沼虾生长特点，南美白对虾养殖 90～120 天即可达到上市规格，可采用虾笼网具分批起捕。南美白对虾完全收获后 14 天左右起捕罗氏沼虾，采用地拖网的方式进行收获。

适用范围

长江中下游地区。

注意事项

（1）罗氏沼虾放苗时间应晚于南美白对虾

1～2周，且规格不宜过大，以免与南美白对虾造成食物竞争，不利于前期南美白对虾的生长。

（2）罗氏沼虾一般处于水体底层，夜间应特别注意底层溶解氧的变化，及时开增氧机。

南美白对虾—罗氏沼虾混养养殖池塘

技术来源：浙江省淡水水产研究所

虾菜轮作模式

技术目标

针对南美白对虾养殖池塘污染物逐年在底泥中大量积累和冬歇期池塘闲置的特点，采用南美白对虾——蔬菜水旱轮作模式，选取适宜的蔬菜品种，从而改善池塘底质理化状况，降低池塘污染物含量，生产出大量经济价值较高的蔬菜，有效解决冬歇期土壤闲置的问题。保证对虾养殖产业的绿色、可持续发展。

技术要点

（1）清塘与肥水：放养前用人工或机械方式铲除池塘表面淤泥。清淤后，每亩用生石灰75～100千克全池遍洒。清塘后至放苗前10天左右，进水50厘米，施用有机肥和化肥培养饵料生物。

（2）苗种放养：放苗前对池塘水质进行检测，池塘水质保持在 pH 值 7.5～8.5，氨氮≤0.1毫克/升、亚硝酸盐≤0.1毫克/升、溶解氧≥5毫克/升、透明度 30～40 厘米方可放苗。选择体表有光泽，肢足完整尾扇分开的健康苗种。南美白对虾放养规格为 1.0 厘米以上，按照 60 万尾 / 公顷进行放养。每亩池塘搭配规格约 20 克鲢鳙各 20 尾。

（3）日常管理：南美白对虾养殖每天投喂 2 次，即 7 时、17 时投喂。前期日投喂量为虾总重的 7%，然后根据对虾吃食情况适当调整投喂量。定期添加有益微生物，如光合细菌、EM 菌等，及时降解水体中的有机物，平衡水体藻相和菌相，稳定池塘水质。

（4）南美白对虾收获：南美白对虾养殖 90～120 天，规格达 10～20 克，便可上市出售。可采用虾笼网具分批起捕。

（5）虾塘整理：每年 10 月初，南美白对虾全部出塘以后，将池塘中水排干，晒塘 2 周时间，在池塘四周挖一条深 0.5 米、宽 0.5 米的排水渠，用于阴雨天排水；清除池塘内杂草杂物后使用旋耕机翻松土壤，耙平后横向和纵向起垄形成多个蔬菜种植区。

（6）定植：筛选 2～3 种低温季节生长的蔬菜，选择当年或上年度新鲜、饱满、发芽势强的优良蔬菜种子或者健壮蔬菜幼苗进行定植，种植密度依蔬菜品种而定。

（7）蔬菜采收：翌年 1～2 月对蔬菜进行收

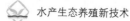

割，冬季气温较低，蔬菜成型后生长较慢，因此采收期较长，可分期采收，延长供应期。

适用范围

单茬南美白对虾养殖区。

注意事项

（1）蔬菜应选择耐低温能力较强的品种，如西兰花、雪里蕻等。

（2）蔬菜种植前应进行晒塘处理，遇到阴雨天应适当延长晒塘时间。

养殖池塘种植西兰花

养殖池塘种植雪里蕻

虾菜轮作模式养殖池塘

技术来源：浙江省淡水水产研究所

第四节 新装备

一种池塘养殖水体调控
原位生态修复装置

技术目标

针对滩涂池塘鱼虾养殖过程中水体富营养化严重、蓝藻异常增殖及氨氮、亚硝酸氮等有毒有害物质超标的问题，通过在池塘边设置一种原位生态修复装置，实现将原有的静水养殖转变为微流水养殖，改善养殖水质，最大程度保障鱼虾的健康养殖。

技术要点

集成目前池塘养殖水体处理技术研究成果，构建了由9个3米×1.5米的塑料方桶组建的养殖原位生态修复装置，具体处理方法如图所示。

（1）养殖池塘水体通过水泵进入整个原位生态修复装置。

（2）沉淀处理箱内悬挂生物毛刷，密度为50～80根/平方米，最大限度地将固体悬浮物质拦截于此。

处理装备　　　　　　　　出水口

养殖池塘原位生态修复系统装置

（3）微生物处理箱内通过添加固体微生物滤包和固定化微生物制剂，最大限度地利用微生物分解作用降低污染物含量。

（4）生态湿地箱主要采用潜流湿地原理，一般在该系统中设置2个塑料箱，箱内放置生物滤料，建议采用孔隙率大于70%的火山石，滤料需用网袋装好后装入塑料箱内，生物滤料表面种植水生植物。

（5）在水生植物箱内布置紫根水葫芦（根长可达1.5米），利用其吸附作用最大程度消除水体中的污染物。

（6）在微藻处理箱内添加小球藻，利用养殖水体中的营养物质培养小球藻，将污染物转化为植物蛋白。

（7）利用食藻虫和多营养层次的鱼类（鲢、鳙、河蚌）等将植物蛋白转化为动物蛋白，从而实现氮磷物质的高效利用。

（8）在水体循环利用前，通过曝气增加水体中溶解氧含量，确保健康养殖。

适用范围

池塘养殖水体调控。

注意事项

（1）该系统动能主要是电能带动潜水泵，因此有条件的地方可采用太阳能电池板作为电源。

（2）人工湿地箱过6个月左右的时间需将过滤填料拿出用高压水枪清洗一次，避免过度堵塞影响水流速度。

技术来源：浙江省淡水水产研究所

第五章

沿海生态养殖新技术

第一节　新品种

裙带菜海宝 2 号

品种来源

裙带菜海宝 2 号由大连海宝渔业有限公司和中国科学院海洋研究所共同选育。从辽东半岛裙带菜栽培种群中优选晚熟、高产、质优个体，利用单倍体克隆多组合交配和定向选育技术获得。2015 年获得国家新品种证书，品种审定编号为GS-01-012-2014。

特征特性

晚熟品种，比一般品种晚熟 15～20 天，在辽东半岛裙带菜主产区，一般品种主收割期在 2 月末到 4 月上旬，海宝 2 号主收割期可以延至 5 月上旬；在 4 月中旬到 5 月上旬，一般品种叶片开始衰败，海宝 2 号仍然保持增长并具有优良的叶片质量；产量高，于收获末期在大连旅顺主栽培区测试，海宝 2 号藻体的平均长、宽和孢子囊叶长分别达到了 287 厘米、131 厘米和 24 厘米，平均株重 1.19 千克，平均亩产 8 150 千克；质量优，

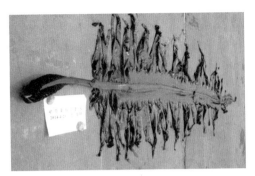

裙带菜海宝 2 号

裙带菜海宝 2 号收割

藻体柄宽、直，叶片宽、羽状裂叶繁茂，孢子囊叶完整对称。

技术要点

（1）夹苗间距：在苗种帘上幼苗达到 0.3 厘米以上时，把苗种绳剪成 2.5～3 厘米小段，夹入养殖苗绳绳股之间，夹苗间距 40～45 厘米。

（2）养殖密度：当海区中幼苗长度达到 30 厘米以上时，进行间苗或补苗，每根养殖苗绳的裙带菜个体数量控制在 150～200 棵，根据这个标准进行多间少补。

适宜地区

辽东、山东半岛沿海。

注意事项

在陆地夹苗要注意遮阴避雨。

技术来源：大连海宝渔业有限公司

第二节 新技术

裙带菜海宝 2 号人工繁育技术

技术目标

规范裙带菜新品种海宝 2 号人工繁育的采苗操作和管理，以利于提高苗种出苗率及品质。

技术要点

1. 采苗时间

6 月中下旬，自然海水温度 16～18℃。

2. 采苗操作

将阴干刺激后的孢子囊叶装入 60 目筛绢网袋内，放入池水中不停搅拌，取池水在 100 倍显微镜下观察，当每个视野有 100～200 个活泼的游孢子时，将网袋取出，随即将苗种帘放于池水中。在池中挂上载玻片，观察胚孢子附着情况，当 100 倍镜下每个视野胚孢子达到 60～120 个时，将苗种帘移到其他育苗池中，挂在竹竿上，竖直排放，间距 15～20 厘米，苗种帘距水表面 20 厘米，充气。

3. 苗种室内培育

水温 23℃以下为配子体生长阶段，光照 1 500～2 500 勒克斯；水温上升到 23℃以上为度夏阶段，光照 300～500 勒克斯；水温下降到 23℃以下为配子体成熟阶段，光照 2 500～6 000 勒克斯；水温下降到 22℃以下为幼孢子体生长阶段，光照 3 000～10 000 勒克斯。各发育期 2～3 天倒帘一次。根据配子体或幼孢子体生长和发育情况及杂藻数量对光照强度、施肥量进行调整并制定苗种帘洗刷和倒池方案。

4. 出　　库

当自然海区水温降到 22℃以下、幼孢子体平均长度达到 200 微米以上时，幼苗可出售或转移到海区暂养。

适用范围

辽东、山东半岛沿海。

注意事项

注意水温与光照的要求。

裙带菜海宝 2 号苗种生产

技术来源：大连海宝渔业有限公司、中科院海洋研究所

裙带菜海宝 2 号养殖技术

技术目标

规范裙带菜海宝 2 号夹苗和养殖密度、水层调节等操作和管理，以提高海宝 2 号养殖产量和品质。

技术要点

1. 夹　苗

当海区暂养苗帘上幼苗长度达到 0.3 厘米以上时，把苗种绳剪成 2.5～3 厘米小段，以 40～45 厘米间距夹到养殖苗绳上。

2. 苗绳垂挂

把夹好苗的养殖苗绳遮阴转移到养殖海区，水平吊挂到相邻养殖筏之间，间距 1.5 米，吊挂水层 1.2～1.5 米。

3. 间苗、补苗

养殖苗绳上幼苗长度达到 30 厘米以上时，开始间苗或补苗，每根养殖苗绳的裙带菜个体数量控制在 150～200 棵为宜，根据这个标准多间少补。

4. 水层调节

裙带菜长到 60～70 厘米时，将苗绳水层由初挂的 1.2～1.5 米，提升到 0.5 米。1 个星期后，在苗绳中间吊塑料小浮球（直径 20 厘米），使苗绳中间部位水层 70 厘米左右。

适用范围

辽东、山东半岛沿海。

注意事项

注意养殖密度要求。

裙带菜海宝 2 号海域养殖

技术来源：大连海宝渔业有限公司

海带新品系"E25"克隆苗生产技术

技术目标

规范海带新品系"E25"克隆苗生产中配子体亲本培育条件、发育诱导、附苗操作和幼苗培育条件，以培育出齐整高质量的海带"E25"克隆苗种。

技术要点

1. 配子体亲本规模培养

雌雄配子体亲本单独培养，接种密度 0.5 克/升，持续充气，温度 $10\sim15℃$；光照 1 500～2 500 勒克斯。7～15 天更换一次培养液，配子体浓度在 6 克/升以下时，营养盐 $NaNO_3$-N 添加量为 3.8 毫克/升，KH_2PO_4-P 添加量为 0.3 毫克/升；在 6 克/升以上时，$NaNO_3$-N 添加量为 6.2 毫克/升，KH_2PO_4-P 添加量为 0.5 毫克/升。

2. 配子体亲本同步发育诱导

雌雄配子体克隆用 300 目筛绢过滤后称重，雌雄按 2：1 比例混匀，低温打碎至 2～6 个细胞丝状体，13℃、2 000 勒克斯条件下悬浮培养

7～10 天。

3. 附　苗

配子体用量为 0.5～1 克 / 帘。苗帘单层摆放于池内低温（6℃）水中预冷，同时将发育诱导的雌雄配子体亲本打碎至 2～6 个细胞，用 300 目筛绢滤出浮沫，再用低温海水稀释后均匀泼洒到摆好苗帘的池子水面，静置附苗，水温不高于 11℃，光照 1 000～1 500 勒克斯。

4. 幼苗培育

附苗 48 小时后微流水（表层流速 5 厘米 / 秒以下），72 小时后正常流水。静水期间水温≤13℃，流水期间 9～11℃。初期光照 1 000～2 000 勒克斯，陆续提光，出库前达到 5 000～7 000 勒克斯。日补水量由初期 30% 逐渐增加到后期（幼孢子体 1～1.5 厘米）时的 100%。

适用范围

辽东、山东半岛沿海。

注意事项

（1）避免突然强光刺激。

（2）中午前后光合作用旺盛时，及时排除掉苗帘上的氧气气泡。

海带新品系"E25"苗种生产

技术来源：大连海宝渔业有限公司

海带新品系"E25"养殖技术

技术目标

规范海带新品系"E25"在海域养殖过程中夹苗密度、水层调节等操作，以培育出性状明显的优质"E25"海带鲜品。

技术要点

1. 幼苗暂养

在风浪小、潮流畅通、水质肥沃、透明度1~3米、浮泥杂藻少的内湾近岸海区暂养。将整个苗帘拆成一根长苗种绳，平行悬挂在一排筏子的浮缆上，初挂水层1.5米，随着幼苗生长逐渐调节至0.3米。

2. 夹　苗

暂养幼苗长到20厘米左右时，将苗种绳上的幼苗剔下单株夹到8米长养殖苗绳上。夹苗前先将养殖苗绳在海水中浸泡湿润。养殖苗绳中间段夹苗间距10厘米左右，两端50厘米以内的地方，2~3厘米夹一棵苗。夹苗后，立即将养殖苗绳挂于浮筏上。

3. 养　殖

浮筏设置与海流平行，在相邻两排浮筏之间把养殖苗绳平挂于海水中，使海带受光均匀。养殖苗绳间距 1.5 米，初挂水层 1.2～1.5 米，根据透明度的变化适时提升水层，逐步提升水层至 0.3～0.4 米。

适用范围

辽东、山东半岛沿海。

注意事项

适时调整水层。

海带新品系"E25"海域养殖

技术来源：大连海宝渔业有限公司

一种提高裙带菜克隆苗
附着效果的技术

技术目标

控制光照和扰动强度等培育条件，使裙带菜克隆苗在苗种绳上牢固附着，以提高裙带菜克隆苗的附着效果。

技术要点

1. 混合丝状体制作

将裙带菜雌雄配子体的丝状体分别粉碎至 2～6 个细胞长度，按照雌∶雄 =2∶1 的重量比混合，获得混合丝状体。

2. 附　苗

在培养容器中放入苗种绳和培养液，将混合丝状体按照 0.05 克 / 米苗种绳的比例加入容器，自然沉降到苗种绳上，不充气，2 000 勒克斯、18℃培养 1 天。

3. 微充气培养

第 2 天开始，微开充气阀，使气泡石同时释放出 3～6 个气泡；第 6 天时，补入 0.2% 的 PES

母液，培养 4 天。

4. 提光增气培养

第十天时，更换新培养液，增大气量，使气泡石同时释放出 6～10 个气泡；第十三天时，补入 0.2% PES 母液，光照提升至 2 300～2 700 勒克斯；培养至第十五天时；更换新培养液，光照提升至 2 700～3 300 勒克斯，在该条件下培养 8 天；培养至第二十三天时，更换新培养液，光照提升至 3 300～5 000 勒克斯；第二十五天以后，调节充气阀，使气泡石每次释放出 15 个以上的气泡，光照提升至 5 000～7 000 勒克斯，每天更换新培养液。

5. 海区暂养

待苗种绳上幼孢子体的长度达到 500 微米以上时，转移到海区暂养，直至夹苗生产。

适用范围

适用于裙带菜克隆苗培养。

注意事项

注意不同时间段光照、充气量和营养盐要求。

使用本技术培育出的密度大附着牢固的克隆苗

（海上暂养 15 天后）

技术来源：大连海宝渔业有限公司

第三节　新设施

一种新型藻礁

设施简介

一种分层阶梯型新型藻礁，包括正多边形附着基板和连接部件。具有透光强，稳定性好，便于运输投放的特点，适用于浅海区域海藻场或海洋牧场建设。

技术要点

（1）新型藻礁的主体为 3 层附着基板，每层附着基板为正四边形结构，于附着基板的中心开设有正四边形透光窗口，从而形成内圈和外圈两层正四边形。自上层到下层，附着基板外圈和内圈的边长逐渐增大。上层、中层、下层内外圈之间的距离相同。下层附着基板的四角下面单独加厚，与海底接触，使藻礁稳定。附着基板由钢筋混凝土板和角钢（铁）构成，混凝土板安放在角钢（铁）内部。

（2）上层、中层、下层附着基板由角钢（铁）连成一体。角钢（铁）设置于附着基板的内、外侧面上，并与附着基板的内、外缘固定连接，使整体藻礁结构稳定。

（3）藻礁投放前喷洒海水湿润，在附着基板上缠绕附有海藻幼体的苗种绳后，立即投放到海底。阳光透过海水进入藻礁，使缠绕在附着基板苗种绳上的海藻幼体在藻礁上生长发育。制作上层、中层、下层内边长分别为 0.2 米、0.5 米、0.8 米，外边长分别为 0.6 米、0.9 米、1.2 米，高 0.9 米梯形藻礁，绑缚海带苗种绳投放 7 米深海底，4 个月后，藻礁上海带丛生。

新型藻礁

适用范围

适于在硬泥、泥沙或平坦岩礁底质海域投放。

注意事项

投礁海域水深不应超过 8 米。

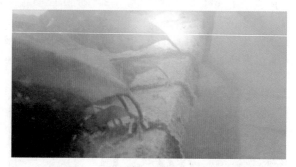

藻礁上海带丛生

技术来源：大连海宝渔业有限公司、中国海
洋大学

一种新型产卵育幼礁

设施简介

本新型产卵育幼礁为镂空正方体架构结构，内设两层渔网和多根立柱，不仅能够诱集鱼类，还可为鱼类产卵和育幼提供适宜安全的环境条件，适用于修复受损产卵场和构建海洋牧场。

技术要点

产卵育幼礁为正方体框架结构，四侧面、顶面及中部镂空，底部为实心平板防止礁体倾覆和下陷，顶面中间设置 1 个横梁；每个侧面上下两个横梁之间和顶面横梁与底面之间分别用 3 个平行的立柱连接；中部设置两层网格结构（材质可为渔网或其他适宜于挂卵的材质），将正方体产卵育幼礁分为 3 层，便于诱集鱼类产卵，并保护卵和幼体。

正方体产卵育幼礁适合多块单体礁集中投放。规格 35 厘米×35 厘米×30 厘米（长×宽×高）单体模式礁引入数量比例（鱼礁占地面积之和与投礁区域面积之百分比）<50% 时，数量比例与试验鱼种许氏平鲉聚集率呈显著正相关线性关系，

且摆放布局对许氏平鲉的聚集率有显著影响，回字形礁体布设效果更好；单体礁引入数量比例为50%时，许氏平鲉聚集率达到最大值（75%左右），显著高于0%～40%处理组。

适用范围

适于投放在硬底质海区。

注意事项

注意投放的海域条件是否满足产卵育幼礁的使用条件。

新型产卵育幼礁设计图

技术来源：大连海宝渔业有限公司、中国海洋大学